国家出版基金项目
NATIONAL PUBLICATION FOUNDATION

陕西出版资金资助项目

U0318413

No.1

顾问 史根东 刘德天 李兵弟 臧英年

美丽地球·少年环保科普丛书

温室效应的魔咒

叶榄 孙君 主编

编者 丁娟 人与 马向于 王晨琛 龙海铮 刘振 阮俊华 杨建南 张涓 陆宏 陈飞 陈开碇 陈耀祥 尚耀庭 封宁 郭耕 崔志如 崔晟

越来越热的地球将给人类带来致命的威胁……

陕西出版传媒集团
陕西科学技术出版社

图书在版编目（CIP）数据

温室效应的魔咒 / 叶榄，孙君主编．—西安：陕西科学技术
出版社，2014.1（2022.3 重印）
（美丽地球·少年环保科普丛书）
ISBN 978-7-5369-6022-0

Ⅰ．①温… Ⅱ．①叶… ②孙… Ⅲ．①温室效应—少年
读物 Ⅳ．① X16-49

中国版本图书馆 CIP 数据核字（2013）第 277422 号

温室效应的魔咒

叶 榄 孙 君 主编

出 版 人	张会庆
策 划	朱壮涌
责任编辑	李 栋

出 版 者　陕西新华出版传媒集团　　陕西科学技术出版社
西安市曲江新区登高路 1388 号陕西新华出版传媒产业大厦 B 座
电话（029）81205187　传真（029）81205155 邮编 710061
http://www.snstp.com

发 行 者　陕西新华出版传媒集团　　陕西科学技术出版社
电话（029）81205180 81206809

印　　刷　三河市嵩川印刷有限公司
规　　格　720mm×1000mm　　16 开本
印　　张　9
字　　数　118 千字
版　　次　2014 年 1 月第 1 版
　　　　　2022 年 3 月第 3 次印刷
书　　号　ISBN 978-7-5369-6022-0
定　　价　32.00 元

序 言

地球的体温越来越高

发烧的病症越来越重

地球俨然成了最大的温室

温度将会越来越高

冰层融化

海平面升高

极端天气频繁出现

这都是地球发烧的后遗症

请关爱我们唯一的家园

让她健康,让她美丽

这对地球上所有的生灵来说

就是幸福的基本保证

环保专家的肺腑之言

叶 榄 中国环保最高奖"地球奖"获得者，中华慈善奖获得者，中国十大杰出青年志愿者，中国十大当代徐霞客，"墨子绿色与和平奖"、"林则徐禁烟奖"发起人。

人与自然的和谐是绿色，人与人的和谐是和平！

孙 君 中国三农人物，中华慈善奖获得者，生态画家，北京"绿十字"发起人，绿色中国年度人物，"英雄梦.新县梦"规划设计公益行总指挥。

外修生态，内修人文，传承优秀农耕文明。

阮俊华 中国环保最高奖"地球奖"获得者，中国十大民间环保优秀人物，浙江大学管理学院党委副书记。

保护环境是每个人的责任与义务！让更多人一起来环保！

封 宁 中国环境保护特别贡献奖获得者，"绿色联合"创始人，中国再生纸倡导第一人。

保护森林，保护绿色，保护地球。

史根东 联合国教科文组织中国可持续发展教育项目执行主任，教育家。

持续发展、循环使用，是人类文明延续的根本。

杨建南 中国环保建议第一人。

注重于环境的改变，努力把一切不可能改变为可能。

聆听环保天使的心声

王晨琛 "绿色旅游与无烟中国行"发起人,清华大学教师,被评为"全国青年培训师二十强"。

自地球拥有人类,环保就应该开始并无终止。

张 涓 中国第一环保歌手,中华全国青年联合会委员,全国保护母亲河行动形象大使。

用真挚的爱心、热情的行动来保护我们的母亲河!

郭 耕 中国环保最高奖"地球奖"获得者,动物保护活动家,北京麋鹿苑博物馆副馆长。

何谓保护? 保护的关键,不是把动物关起来,而是把自己管起来。

臧英年 国际控烟活动家,首届"林则徐禁烟奖"获得者。

中国人口世界第一,不能让烟民数量也世界第一。

崔志如 中国上市公司环境责任调查组委会秘书长,CSR 专家,青年导师。

保护环境是每个人的责任与义务!

陈开碇 中原第一双零楼创建者,中国青年丰田环保奖获得者,清洁再生能源专家。

好的环境才能造就幸福人生。

第1章
这个冬天不太冷

如果10年前你问我冬天是什么样子的,我会说:"那是一个寒冷的季节。"但是今天,你如果这样问我,我会说:"这个季节并不像书中描写的那么寒冷。"究竟是书中描述的有错呢,还是我们的感觉出了错? 都不是,是冬天确确实实地变温暖了。

寻找冬天的记忆

课题目标

　　发挥你的调查能力,找到城市冬天变暖的原因,并身体力行地实施你的环保小建议。

　　要完成这个课题,你必须:

　　1.和家长、老师或者好朋友一起合作。

　　2.需要了解天气逐渐变暖的原因。

　　3.提出保护环境的合理性建议。

　　4.身体力行,和朋友们一起做环保小卫士。

课题准备

　　与你的好朋友一起上网了解关于气候变暖的相关知识。可以和妈妈一起到电器超市了解冰柜、空调的相关环保数据。

检查进度

　　在学习本章内容的同时完成这个课题。为了按时完成课题,你可以参考以下步骤来实施你的调查计划。

　　1.观看 10 年前的雪景照片。

　　2.对比一下最近下雪的天气。

　　3.思考一下为什么雪越来越少了。

　　4.实施行动,做一个环保小卫士。

总结

　　本章结束时, 可以和你的伙伴们一起向父母、老师展示你的环保成果。

讨厌的暖冬

延伸阅读

空气中含有的二氧化碳在过去很长一段时间中，含量基本上是保持恒定的。这是因为大气中的二氧化碳始终都是边增长边消耗的。早期大气中的二氧化碳有80%来自人和动物的呼吸，20%来自燃料的燃烧。散布在大气中的二氧化碳大部分都会被海洋、湖泊、河流等吸收并溶解于水，还有5%的二氧化碳则会通过植物的光合作用转化为有机物储藏起来。

对于生活在北方的同学来说，一年中最美好的季节莫过于冬天了。不仅仅是因为有漫长的寒假可以放松，更因为这是个下雪的季节。推雪人、打雪仗，甚至在雪地里印下自己的脚印都能让我们开心好一会儿。

冬天承载着我们许许多多关于童年的记忆，也背负着我们浓浓的期待。可不知从哪一年开始，当冬天真的到来之后，不少同学却都失望了：因为这个冬天不太冷，下的雪太少了，只在地面上铺着薄薄的一层。这样的雪别说打雪仗了，连踩上一脚都怕它融化。

看了新闻才知道，这就是所谓的"暖冬"。冬天明明应该是寒冷的，为什么会有暖冬呢？

科学家告诉我们，让寒冷的冬天变暖的是一个叫作"全球气候变暖"的家伙。

全球气候变暖是一种"自然现象"。而全球气候变暖，又是因为一个叫作"二氧化碳"的坏

近几十年来，由于工业革命的开展，人类科技的进步，人口剧烈增长，工业迅速发展，煤炭、石油等的燃烧和人类呼吸产生的二氧化碳远远大于以往。而吸收二氧化碳的植物，则被大量砍伐，大量的土地被建成城市，破坏了植物，从而减少了将二氧化碳转化为有机物的条件。再加上地表水域的缩小，也减少了吸收溶解二氧化碳的条件。

家伙造成的。二氧化碳气体具有隔热和吸热的功能，当二氧化碳含量过多的时候，它会在大气中形成一层无形的"玻璃罩"，使太阳辐射到地球上的热量无法向外层空间发散，这就会导致地球表面逐渐地变热。那二氧化碳又怎么会越来越多呢？原来，现代化工业社会过多地燃烧煤炭、石油和天然气，这些燃料燃烧后都会放出大量的二氧化碳气体。也就是说，让冬天变得讨厌的人是我们自己。真是让人伤心的结论，为什么会这样呢？

科学家们预测，大气中的二氧化碳每增加 1 倍，全球平均气温就会上升 1.5~4.5℃，而两极地区则会比平均气温值高 3 倍左右。

空气中的二氧化碳越积越多，使地球的温度发生了变化。

"发烧"的地球

延伸阅读

世界气象组织在2003年7月发表的一份紧急报告中指出,全球气候其实正在发生"极端改变":20世纪北半球气温的升高幅度是过去1000年中最大的。

我们所居住的地球正在变得越来越怪异:冬天里的大太阳,夏天里的热浪,两极冰川的融化,无一不显示我们的地球母亲病了,而且还发着"高烧"。

例如2003年,法国就经历了百年以来最炎热的夏季,一些城市气温达到40℃以上,法国首都巴黎首次出现了自1873年有记录以来的最高气温。持续半个月的高温导致1.36万人死亡,墓地、殡仪馆不堪重负,巴黎南部4000平方米的冷藏库被征用为临时太平间。

同年,西班牙许多地区的气温也超过了40℃,部分城市超过45℃,死于高温的人数达到2000人。同

地球大哥你感冒发烧了!

样地,欧洲其他地区也在经历着酷暑的考验,各个国家都有因酷暑死亡的新闻公布。

如今,每到夏季,世界各国的人们都会自觉地做好防暑降温准备,因为吃足了夏季热浪的苦头。尽管如此,每年还是会有很多人因酷热而中暑甚至死亡。

各地的高温无不在向人们宣告着地球在"发烧",全球变暖的步伐正在加快。

早在 2003 年,瑞士科技学院的科学家们针对欧洲发生的酷热现象表示:这类事件很有可能在未来成为一种普遍现象。根据他们进行的模拟实验结果显示,欧洲未来所经历的任何一个夏天都有可能要比2003 年的夏天热。如今经过现实的验证,不禁让人感慨科学的神奇。

极端天气的成因

延伸阅读

　　面对全球越来越频繁发生的极端天气，2007年发布的环境报告曾提到，根据统计，过去几十年里，极寒天气出现的天数很少，极热天气出现的天数在增加，强降雨事件也在频繁发生。而更让人痛心的是，从美国气候数据中心提供的数据来看，1980年到现在，造成10亿美元以上经济损失的极端天气事件越来越多，比1980年以前增加了1倍还多。

　　进入21世纪以来，洪水、暴雪等极端天气现象及其造成的重大损失报道经常出现在报纸的头条位置。暴雪、狂风、洪水、干旱和热浪，这些气候现象之所以会被我们关注，主要就是因为这些极端天气往往会给人们的日常生活带来极大的不便和损失，导致很多的问题，有时甚至引起地区骚乱。

　　2010年俄罗斯经历了破记录的热浪袭击，热浪进而引起了俄罗斯全国范围内的大火，也引起了俄罗斯近40年以来最严重的干旱，这场干旱直接导致了近900公顷的农产品的绝收。同样是在2010年，由于季风带来的强降雨，巴基斯坦国内大约有1/5的地区暴发洪水。而根据当地政府的统计，这次洪水直接影响到

了 2000 万人的正常生活,死亡人数更是达到了 2000 多人,经济损失高达 430 亿美元。

作为与巴基斯坦同在亚洲的中国,当然同样地受到影响。2010 年季风到来的时候,我国诸多城市的地下排水管道系统都被结结实实地考验了一把。全国许多城市被水淹没,北京、武汉等地更是有因洪水导致的死亡案例。网友们无奈之余,就有了调侃"到北京去看海""到武汉去看瀑布"的段子。

我们都知道,天气事件是跟气候状况有着紧密的联系的,那么一个很自然的问题就是:这些极端天气跟气候变暖之间有什么关系,跟我们人类的活动又有什么关系?

天气现象确实与大的气候背景有关系:气候发生了变化,天气当然也会随之有相应的改变。但气候系统是一个包含着大气层、海洋圈、冰层、陆地圈、生物圈等各种圈层的复杂系统,每个圈层都包含着众多的物理、化学和生物联系和变化。通过科学家的努力,我们虽然已经对整个系统的大趋势有了比较深入的了解,比如:温室效应是因为二氧化碳浓度的升高而产生的,温室效应会提高全球表面的平均温度;而升高的温度会导致陆地冰川融化以及海水膨胀,从而导致海平面升高。但是具体到气候系统内部的某个区域或者具体某个时间段的天气变化,我们的认识还远远不够。而我们说的极端天气,恰恰就属于这一类具体区域具体时间段的问题。

但对于一些普通的问题,科学家还是有比较统一的答案的。

你们看地球发烧了!!!

首先，在地球是否变暖的问题上，科学家们是早就有共识的。因为早已有足够多的数据来证明我们正在经历全球加速变暖的过程。通过各国科学家多年的研究以及早先的数据积累，表明全球包括海洋及大气的平均温度正在升高。如果画出温度变化的趋势图，我们会发现不但温度在不断地升高，而且升高的速度也是在增加的。而温度升高是全球范围内的，其中以北半球高纬度地区表现得最为明显。除了这些，升温不但发生在大气层，而且海洋也一样热起来了。始自 1961 年的海洋观测资料显示，全球海洋温度升高已经影响到了至少 3000 米的深海。

变暖的结论是不同的机构和不同的研究所共同得到的。其研究数据都得到了同样的结论——地球表面的平均温度在升高。除了直接的温度观测数据外，其他观测到的现象也在一定程度上印证了全球变暖的结论：北极地区海水覆盖区域的快速缩减，南北半球冰川和雪的覆盖面积不断减小等。

正如我们所知道的，气候系统是一个由大气层、海洋圈、冰层、陆地圈和生物圈构成的复杂系统。气候系统内的各个组成部分内都存在着许许多多物理、化学和生物过程，而各个组成部分之间又可以相互作用。尽管气候系统如此复杂，但通过气候学、大气科学、海洋学等各个领域内专家的努力，我们对于导致气候变化的因素也有了基本的了解。

导致气候变化的因素可以分为两大类：自然因素和人为因素。

在自然因素中，首先应该提到的是太阳辐射。太阳是地球气候系统能量的最终来源，其辐射强度的变化对于气候系统有很强的作用。但现有的观测表明，过去几十年太阳辐射的变化非常小，根本不足以影响全球的温度，更不能解释全球变暖的现象。那会不会是地球自身的问题呢？要知道地球公转轨道和自转状态的变化也可以改变地球接受太阳辐射的多少和分布的变化。但这类变化引起的气候变化又非常缓慢，通常需要几万年甚

至几十万年才会产生明显的影响,所以也不能解释我们经历的全球变暖。除此之外,由于火山喷发释放出的大量硫化合物和烟尘等会在大气里悬浮,也就是所谓的气溶胶,这些飘浮在大气中的胶可以影响到太阳的辐射,进而影响到气候。但近年来地球上并没有大规模的火山爆发现象,所以,这个原因也不成立。最后一个原因就是板块漂移了。我们都知道,地球表面是由很多的大陆板块组成的,而且这些板块是运动的。地球板块的运动会改变海陆的分布,从而改变地球表面辐射的分布,这些都会引起气候的变化。但是这个过程依然是缓慢的,因为地球板块的运动是以我们人类根本觉察不到的速度进行的,最少经历几百万年才会产生切实的影响。

人类活动与极端天气的关系

让气温升高的自然因素并不明显,是可以排除的了,那人为因素呢?

现代生活中,人们为了各种原因,需要大量使用化石燃料。而燃烧化石燃料时就会排放出大量的温室气体(如二氧化碳等)。温室气体在大气中增多,其导致的温室效应就会增强,从而使地球各系统的辐射平衡发生变化,使更多的热量困在地表附近,导致地表平均温度升高。除此之外,地表状况的改变,比如大面积的毁林等,也会减少地面对太阳辐射的反射,减少地球氧气的含量进而影响到全球变暖。

那全球变暖一定会导致极端天气的频繁发生吗?一般认为,全球变暖可能会导致极端天气的频繁发生或者从一定程度上加大极端天气的强度和影响,但是一旦具体到某个极端天气的时候,有时候很难把它跟全球变暖联系在一起,同时也很难确定它是不是因为全球变暖而产生的。

通常来说,一些特别的极端天气比如高温、暴雨等,是跟全球变暖有很大关系的。拿高温来说,一般只有在全球变暖反应最明显的北半球频繁发生。而暴雨则是因为高温增大了水的蒸发量,增强了大气容纳水蒸气的能力,所以在全球变暖的情况下,水汽就比较容易产生,在各个圈层内的循环交流也会发生变化,从而会造成频繁降雨、降雨强度大。具体来

数学家们的研究方式是用数值模型来模拟过去几十年的气候变化过程。通过研究他们发现，仅仅包含自然因素的模型是不能反映过去几十年发生的全球变暖趋势的，也就是说，如果地球上没有人类，仅仅是地球自身，绝对不可能发生近年来的全球变暖现象。以此为有力依据，科学家们认为我们所经历的全球变暖很可能是我们自身导致的。

说，全球温度升高的过程中，陆地和海洋中水分的蒸腾和蒸发过程会增强，所以原本干旱的地方很可能会更加干旱，比如非洲撒哈拉沙漠可能会因此扩大。

同时，大气的"蓄水"能力也会相应增加，因此降水发生时的可用水量也就大大增加。这样的结果就是，一旦降水过程被触发，降水的强度比变暖之前要大得多，也就更容易造成洪涝灾害。另外，因为全球变暖，还会影响到大气环流，进而影响高低压和上升下降气流等的空间分布。这些变化会对很多小区域地区的气候产生影响。原本很少出现的极端天气现象很可能会因此多起来。这对已经适应正常频率和强度天气的人们和城市内的设施都会带来影响。比如原来工作良好的城市排水系统会不够用，从而导致城市内涝等。

可以看到的是，通过科学家的研究，我们已经认识到了人类才是影响整个气候系统的"元凶"，这种影响造成了一个越来越热的世界，伴随着温度的升高，我们面临的不仅仅是酷暑的考验，还有可能是那些影响巨大的极端天气——风暴、热浪、土地沙漠化、洪水，等等。只有早日意识到这些后果的可怕，早日行动起来，用实际行动去保护地球，才有可能保护我们赖以生存的环境，避免悲剧的发生。

"圣婴"厄尔尼诺

　　很多人都知道,在西班牙语中,厄尔尼诺的原意是"圣婴",即"上帝之子"。而以这个名字命名的一种现象就鲜为人知了,这就是"厄尔尼诺现象"。

　　19世纪初,在遥远的南美洲的厄瓜多尔和秘鲁等西班牙语系的国家中,渔民们发现了一个奇怪的现象:每隔几年,10月至第二年的3月便会出现一股沿海岸南移的暖流,使表层海水温度明显升高。南美洲的太平洋东岸本来盛行的是秘鲁寒流,非常适合喜寒的鱼类生存,是世界四大渔场之一,而暖流一来到这里,喜寒的鱼类就会大量死亡,给当地的渔民带来了很大的损失。而这种现象发生最严重的时间段,常常是在圣诞节前后。于是当地的渔民迷信地称这股寒流为"上帝之子",称这种现象为"厄尔尼诺现象"。

　　而当"厄尔尼诺现象"到来的时候,太平洋广大水域大范围的海水温

通过科学家多年的研究发现,"厄尔尼诺现象"不仅出现在南美洲各国沿海,而且遍及东太平洋沿赤道两侧的全部海域以及环太平洋国家;有些年份,甚至印度洋沿岸也会受到厄尔尼诺带来的异常气候的影响,发生一系列自然灾害。

度可比常年高出 3～6℃。太平洋广大水域的水温升高了,就会改变传统的赤道洋流和东南信风,一定程度上减弱了赤道逆流,从而导致全球性的气候反常。

　　"厄尔尼诺现象"一般每隔 2～7 年出现 1 次。但是,20 世纪 90 年代后,这种现象却出现得越来越频繁了。不仅如此,随周期缩短而来的,是"厄尔尼诺现象"滞留时间的延长。

　　大部分的专家认为厄尔尼诺现象与全球变暖有关。种种迹象表明,"厄尔尼诺现象"并不仅仅是天灾。科学家们认为,人类活动对地球的影响似乎也在加剧着"厄尔尼诺现象"的发生。

厄尔尼诺使南半球气候更加干热,使北半球气候更加寒冷潮湿。

知识的复习与总结

学习了本章介绍地球上极端天气变化的成因,大家一定明白了环境恶化会对人类造成怎样的灾难。在我们人类一次又一次地对地球母亲做出不敬的举动之后,地球母亲终于发起火来,用暴雨与炎热惩罚了人类这个顽皮的孩子。我们一定要珍惜宝贵的环境,不能让母亲再伤心了。

请回答下面三个问题:

1. 秘鲁渔民迷信地称暖流为"上帝之子"是为什么呢?

2. 气候系统是由哪些部分构成的复杂系统?

3. 导致全球变暖的原因是什么?

大旱的罪魁——厄尔尼诺

130 多年前的清朝光绪初年,中国大地上发生特大旱荒,严重程度更是百年不遇,而旱荒高峰年份是在丁丑、戊寅年(1877 年、1878 年),所以历史上通常称其为"丁戊奇荒"。

1877 年的山西,整个春季都是阳光灿烂,没有下一滴雨。春季是麦苗生长的关键季节,没有水,庄稼出苗后又很快枯萎,麦收自然无望。旱灾波及数省的广大区域,一连几年的时间里,大旱少雨,不少地方农田全部荒废,严重灾害导致残酷饥荒的发生,人们不得不以草木、树皮为食。

有专家研究揭示,当时就有全球气候异常的背景,出现了强厄尔尼诺现象(指东太平洋赤道地区海水变暖的现象),亚洲地区的季风显著减弱,使季风雨带的推进过程和降水特征发生变异,造成了我国北方地区出现了严重干旱的现象。

破解温度变化曲线

看了本章的介绍,虽然对逐年变暖的冬天有了大致的了解,但是冬天的温度具体变化到了怎样的程度,我们还是没有一个清晰的了解,不妨跟我一起来制作一张温度变化的曲线图吧。

实验所需工具:

温度计、复印纸1张、水笔1支

实验步骤:

1.仔细观察下面图表。

2.记录横轴上时间所相对应的纵轴温度,画上一个黑点。记得要坚持做下去哦!

3.待最后一次记录完成,再将所有黑点连在一起,你就能看到这半年的气温变化。

思考与分析:

试验完成后,看看你所在地方的天气温度曲线是否比较平坦,起伏较少,如果是这样,证明你经历了一个暖冬;反之,则说明你度过了一个比较正常的冬季!

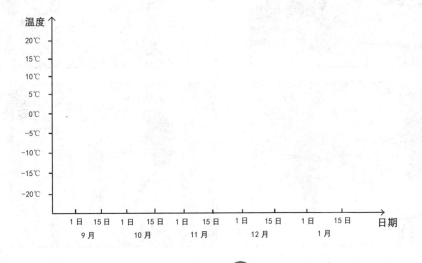

● 暖冬

冬天好暖和啊!

这就是暖冬呀!

那夏天是不是相应地会凉快呢?

不，夏天会更热的!

● 极端天气

下雨啦!收衣服啦!

夏天就是这样,极端天气多!

不,我想说的是你晾的衣服还在外面!

●谁有好处

●不冷的暖冬

第2章
温室效应原理

　　全球变暖若要归因于一点，那必然是温室效应原理。大家参观过农田里的蔬菜大棚与花房吗？那里的温度持续保持在温暖的范围值内，这样的环境有利于植物的发育。但若是地球也变成一座大的温室，却会造成种种问题，其中最严重的一种就是全球变暖。

寻找城市变暖的元凶

课题目标

　　二氧化碳的大量排放,是地球温室效应的根源。发挥你的侦探才能,找到排放二氧化碳的工厂,绘制你所在城市的环保地图。

　　要完成这个课题,你必须:

　　1.和家长、老师或者好朋友一起合作。

　　2.需要了解温室效应的原理。

　　3.绘制所在城市的地图。

　　4.身体力行,和朋友们一起做环保小卫士。

课题准备

　　可以与你的好朋友一起上网了解相关知识,追踪元凶踪迹,绘制一份所在城市的简易地图。

检查进度

　　在学习本章内容的同时完成这个课题。为了按时完成课题,你可以参考以下步骤来实施你的侦探计划。

　　1.查出使地球变暖的元凶。

　　2.了解地球变暖的过程。

　　3.列出保护城市气候的计划。

　　4.实施行动,做一个环保小卫士。

总结

　　本章结束时,可以和你的侦探团成员一起向父母、老师展示你的环保成果。

温室效应

地球上有四季变化,冬天气温比较低,夏天气温比较高,冬去春来,寒暑交替。这让人们很难感觉到每年的冬夏气温是否与往年有明显差别?事实上,科学家发现地球正在变暖和,从 1975 年到现在,地球平均温度已经上升了 0.5℃。

全球变暖对人类的影响非常大,一些极端天气频繁出现,例如持久的干旱,特大的洪水,罕见的飓风等,给人类的生产生活带来极大的影响。

全球变暖带来的第一个威胁就是海平面的上升。在地球的两极,特别是南极,存在着大量的冰川,温度上升会使这些冰川融化,科学家认为,冰川融化会使海平面上升。在全球,经济发达的地区大多分布在沿海,这里科技发达,人口众多,一旦海平面上升,就会淹没这些地方,给人类带来非常大的损失。

你们知道农业上的温室吗?在温室的顶部,是一层透明的塑料薄膜,这种塑料能够让阳光透过,使温室内的温度升高,同时又能阻止温室内

热气

不稳定因素

的热量散发出去,造成温室内的温度比外部高好几摄氏度。

　　大气中的二氧化碳气体,就像是在地球上面蒙了一层塑料薄膜。现在,大气中的二氧化碳含量越来越高,造成了全球平均气温也慢慢升高,科学家把二氧化碳的这种保温效果叫作温室效应。

　　　　温室效应是指透射阳光的密闭空间由于与外界缺乏热交换而形成的保温效应,就是太阳短波辐射可以透过大气射入地面,而地面增暖后放出的长波辐射却被大气中的二氧化碳等物质所吸收,从而产生大气变暖的效应。

史前病毒的威胁

最近，科学家们在冰芯里面发现了已经存活了近 14 万年的病毒毒株，还在西伯利亚的季节冰中找到了不到 1 岁的 A 型流感病毒。据此猜测，这类微生物会在适合其生存的冰中蛰伏，等待时机"东山再起"。遇到对其缺乏免疫能力的宿主，这些微生物便会急速扩大种群，在宿主的种群中传染开来。在我国的青藏高原冰川，同样也有病毒样颗粒存在，这些谜一样的古老病毒基因随着气候变暖，随时有被释放的可能。

这些"终极病毒"从何而来？

曾横行欧洲的黑死病最初出现于 1338 年中亚一个小城中，1340 年左右向南传到印度，随后沿古代商道传到俄罗斯东部。从 1348 年

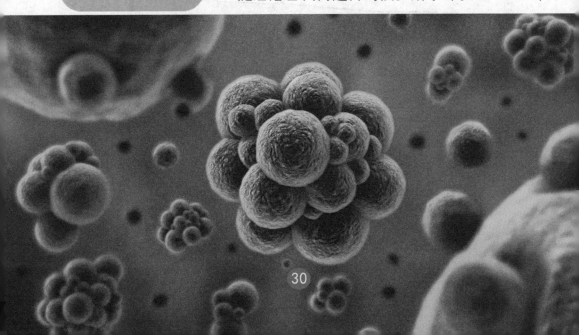

到 1352 年,它把欧洲变成了死亡陷阱,这条毁灭之路断送了当时欧洲 1/3 人口的生命,总计约 2500 万人!

在人类历史上,类似黑死病病毒这样不断袭击人类的新品种细菌层出不穷,比如 SARS 和禽流感。随着人类活动的不断加剧,交通速度的不断提高,新生传染病对人类以及生物种群所形成的"灭顶"威胁如同利剑悬于颈后。"潘多拉魔盒"一旦开启,病毒便会被"激活",而温室效应则很有可能是开启"潘多拉魔盒"的钥匙。

温室效应可使史前致命病毒威胁人类。科学家研究认为,由于全球气温上升令北极冰层融化,被冰封十几万年的史前致命病毒可能会重见天日,这将导致全球陷入疫症恐慌,人类生命受到严重威胁。

这项新发现令研究人员相信,一系列的流行性感冒、小儿麻痹症和天花等疫症病毒可能藏在冰块深处,目前人类对这些原始病毒没有抵抗能力,当全球气温上升令冰层融化时,这些埋藏在冰层千年或更长时间的病毒便可能会复活,形成疫症。科学家们表示,虽然他们不知道这些病毒确切的生存状况,也不清楚其能否再次适应地面环境,但不能否认的却是病毒有卷土重来的可能性。

引起温室效应的元凶们

延伸阅读

受大气环流、南极陆地面积小等诸多因素影响，南极冬天低温会持续三个月，最低可达 -100℃ 以下。

这样的低温会导致平流层产生冰晶，形成"极区平流层云"，人造的氟氯碳化合物进入平流层时，分解之后再与极区平流层云的固态冰晶碰撞，释出氯分子，氯分子受到阳光照射，就会分解为氯原子。氯原子会产生催化作用，可持续将臭氧分解成氧气。因此对臭氧层造成了相当大的威胁。

除了二氧化碳，人类活动和大自然还排放出了其他温室气体，它们是：氯氟烃、甲烷、低空臭氧和氮氧化物气体，这些都是引起温室效应的罪魁祸首。其中的甲烷，经分析显示，以单位分子数而言，它的温室效应要比二氧化碳大 25 倍。

氟利昂是破坏臭氧层的元凶，它是 20 世纪 20 年代被人类合成出来的，其化学性质稳定，不具有可燃性和毒性，被当作制冷剂、发泡剂和清洗剂，广泛用于家用电器、泡沫塑料、日用化学品、汽车、消防器材等领域。80 年代后期，氟利昂的生产达到了高峰，产量达到了 144 万吨。在对氟利昂实行控制之前，全世界向大气中排放的氟利昂已经达到了 2000 万吨。

根据资料,2003年臭氧空洞面积已达2500万平方千米。臭氧层被大量损耗后,吸收紫外线辐射的能力大大减弱,导致到达地球表面的紫外线明显增加,给人类健康和生态环境带来多方面的危害。据分析,平流层臭氧减少万分之一,全球白内障的发病率将增加0.6%~0.8%,即意味着因此引起失明的人数将增加1万~1.5万人。

由于它们在大气中的平均寿命将达数百年,所以排放的氟利昂仍留在大气层中,其中大部分停留在对流层,一小部分升入平流层。在对流层相对稳定的氟利昂,在上升进入平流层后,在一定的气象条件下,会在强烈紫外线的作用下被分解,分解释放出的氯原子同臭氧会发生连锁反应,不断地破坏臭氧分子。科学家估计,一个氯原子可以破坏数万个臭氧分子。

据有关部门预测,在今后几年中,全球对氟利昂等消耗臭氧层物质的需求仍将保持旺盛的势头,保护臭氧层的形势依然十分严峻。

元凶

控制温室效应的对策

温室效应对人类的危害这么大,我们该如何应对呢?

1.全面禁用氟氯碳化物

现在全球正在朝此方向努力,因为这种方法最容易实现。对于2050年为止的地球温暖化,估计可以发挥3%左右的抑制效果。

2.保护森林的对策方案

以热带雨林为主的全球森林,正在遭到人为持续不断的急剧破坏。目前,由于森林被破坏而释放到大气中的二氧化碳量非常巨大,倘若各国认真推动节制砍伐与森林再生计划,到了2050年,可能会使整个生物圈具有降低7%左右温室效应的能力。

3.汽车燃料的改善、改善能源使用效率

人类生活到处都在大量使用能源,化石燃料的使用是温室气体主要来源之一,如果我们改善汽车燃料,改进能源使用率,减少化石燃料的使用,可以降低13%的温室效应。

温室气体指的是那些能造成温室效应的气体,除了二氧化碳外,还有臭氧、甲烷、氧化亚氮、氢氟碳化物、全氟碳化物及六氟化硫等。其中的后几种气体引起的温室效应非常强,是二氧化碳的几倍到几十倍,但是它们在大气中的含量非常低,引起温室效应的主要气体还是二氧化碳。另外,科学家还发现,如果海底的甲烷被释放出来,会对地球带来灭顶之灾。

4.开发替代能源

利用生物能源作为新的干净能源,也就是利用植物经由光合作用制造出来的有机物充当燃料,取代石油等高污染性能源,是减少化石燃料使用的途径之一。

太阳能、风能、潮汐能等新能源,是干净无污染的能源,大量地采用新能源,可以减少人们对化石燃料的依赖,减少温室气体的排放。

绿色出行

　　我们提倡低碳生活,首先需要绿色出行!如果你要去的地方离家比较近,或是有直达的公交车,建议大家打消开车的念头,改为步行或公交出行。

　　众所周知,汽车是目前人类生活中不可缺少的交通运输工具之一。全世界拥有的汽车总量超过 5 亿辆,平均每 10 人中就拥有一辆车。汽车排出的有害气体在当前已经取代了粉尘成为大气污染的主要来源。而根据不完全统计,全世界每年因为汽车尾气而排入大气中的一氧化碳达到 2 亿多吨,大致占到总有害气体量的 1/3,成为城市大气中数量最大的毒气。而且一氧化碳在大气中的寿命很长,一般可以保持两三年。此外,汽车尾气中的二氧化硫和悬浮颗粒物也会增加呼吸道疾病的发病率,损害肺功能。二氧化硫在大气中含量过高时,还会随降雨形成"酸雨"。汽车尾气中的铅化合物可以随着人的呼吸进入血液并蓄积到人体的骨骼和牙齿中,它们是引发贫血、损害神经系统的"元凶"。而当儿童血液中的铅含量过高时,会影响到儿童的智力发育和身体发育。

　　绿色出行,当然就是采取对环境影响最小的出行方式,既节约能源,

驾车出行100千米耗油约9升,骑自行车或步行就能节省这9升汽油;坐公交车代替驾车出行100千米,可省油7.5升,还可减少二氧化碳排放量。而步行不但环保,更有益于锻炼我们的身体健康。

又减少污染,还有益于身体健康。

而小排量或混合动力汽车也可以很好地节约能源,这种汽车的耗油量通常随排气量上升而增加。排气量为1.3升的车与2.0升的车相比,每年可节油294升,相应减排二氧化碳647千克。而混合动力车更是可以省油30%以上,每辆普通轿车每年可因此节油约378升,相应减排二氧化碳832千克。而且根据研究表明,虽然汽车尾气都会造成污染,但不同燃料的汽车排放出的污染物也不同。普通柴油车的排放污染远高于汽油汽车,而使用天然气的公交车却会大大降低总污染物的排放。

相信在你我的努力下,一定能够迎来一个绿色、清新、无污染的明天!

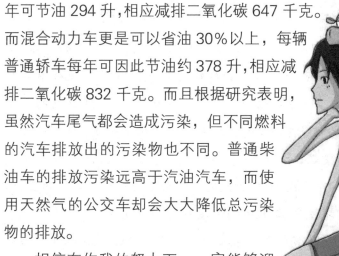

步行山道

知识的复习与总结

现在我们终于知道了温室效应究竟是什么，以及它是怎样影响地球生态的原理。如果任由温室效应继续破坏大气环境，那我们人类就会一直生活在温暖的"折磨"中，一系列灾难也会接踵而来。所以，亲爱的少年朋友们，我们在平时的生活中一定要好好珍惜身边的资源，养成绿色出行的好习惯。请回答下面的问题：

1. 怎样的出行方式被认为是"绿色出行"？

2. 开发代替氟氯碳化物的新能源都有哪些？

3. 请简述温室效应的成因。

温室效应始于800年前

人类活动从20世纪初使得地球开始变暖已经成为公众的科学常识。随着燃煤工厂和电厂的出现，工业社会开始向大气排放二氧化碳和其他温室气体，后来机动车也加入到排放行列中。然而，科学家现在也提出了新的假设：早在人类开始使用煤炭和驾驶汽车的好几千年前，我们祖先的农耕活动就在促使全球变暖。

新证据表明，大气中二氧化碳的浓度大约在8000年前就开始上升，大约3000年后，另一种温室气体甲烷的浓度也开始上升。

如果没有这些温室气体的影响，地球会比现在冷2℃。2000年前最后一个冰河期最冷时，全球平均温度也不过比现在低5～6℃。应该说，如果没有早期农耕时期和随后的工业化所产生的温室气体的影响，目前的地球温度会非常接近典型的冰河期温度。

温室与花房

这次的活动要求我们亲自到现实中的花房与温室实地走一走、看一看,发现一些我们在书中所了解不到的知识。

活动时,请与伙伴们一起制定计划,参观你居住地附近的花房或者温室。活动时请注意安全!

活动步骤与注意事项:

1.参观时,请首先观察温室与花房的外形,看看它们的外部分别都是用什么材质做的。

2.进入花房或温室后,请观察内部的温度,看看制造这些温度的源头在哪里。

3.询问花房与温室的工作人员:温室与花房的工作原理都是什么? 好好记录下来。

4.观察花房或温室中的植物与外界的植物有什么区别?

5.思考一下如果地球也变成一座巨大的温室,将会出现怎样的情况。

6.将你的见闻和思考以日记的形式写下来,与小伙伴们交流。

●花房

跟我去花房看花吧。

抱歉，不行。

为什么呀？

花房里像蒸汽房一样。

●心理素质差

凭什么说我心理素质差呀？

你就像温室里的花朵。

什么意思？

经不起风雨、受不起挫折呗！

● 风雨花朵

● 好看的书

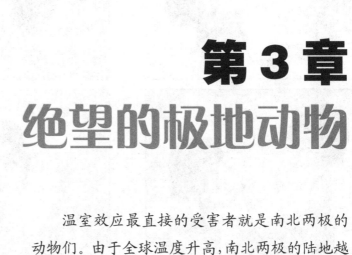

第3章
绝望的极地动物

  温室效应最直接的受害者就是南北两极的动物们。由于全球温度升高，南北两极的陆地越来越萎缩，可供动物们捕食的生物越来越少，这将会造成大批的南北极动物因缺乏食物而死亡。等到南北极的冰川消失，这些动物们将会在地球上灭绝！

调查极地的生物

课题目标

发挥你的调查才能，尽可能多地找到在北极生活的动物,并身体力行实施你的环保小建议。

要完成这个课题,你必须:

1.和家长、老师或者好朋友一起合作。

2.需要了解北极的环境概况。

3.明白现在北极所面临的困境。

4.身体力行,和朋友们一起做环保小卫士。

课题准备

可以与你的好朋友一起上网了解北极的相关知识,也可以和妈妈一起了解有关北极生物的相关环保数据。

检查进度

在学习本章内容的同时完成这个课题。为了按时完成课题,你可以参考以下步骤来实施你的调查计划。

1.了解北极动物的样子。

2.了解这些动物的生活习性。

3.明白这些动物面临的恶劣环境。

4.实施行动,做一个环保小卫士。

总结

本章结束时,可以和你的调查团成员一起向父母、老师展示你的环保成果。

探秘地球两极

我们知道,地球是一个圆形的球体,确切地说,应该是一个椭圆形的球体。它的最南端叫作南极,最北端叫作北极。下面,就让我们来探秘南北极吧。

南极和北极处于地球的两端,比地球其他地区接受阳光照射的时间要短,所以要冷一些,终年被皑皑的白雪所覆盖。可南极和北极相比,哪一个又更冷一些呢?

根据两极科考站的科学家们的观测,北极的年平均气温为 -10℃左右,最低气温记录为 -70℃;而南极的年平均气温为 -27℃,最低气温记录是 -89.6℃。看来,南极要比北极冷!同样位于地球的极低,为什么南极更冷呢?

原来,北极的大部分地区都是蔚蓝的北冰洋,而南极的大部分地区却是陆地。北冰洋面积约 1300 多万平方千米,占了北极大部分的面积。由于水的热容量大,能够吸收较多的热量,所以北极的冰比南极的少。北极的冰川总体面积只占南极的 1/10,而且大部分是在位于北极圈的丹麦格陵兰岛上。

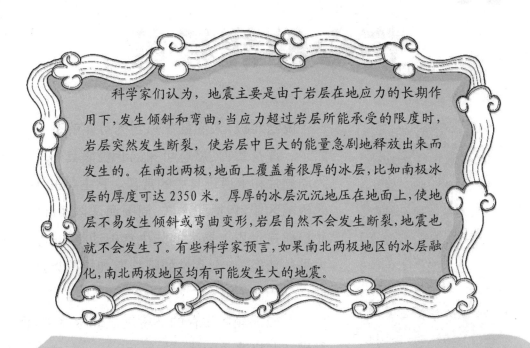

科学家们认为，地震主要是由于岩层在地应力的长期作用下，发生倾斜和弯曲，当应力超过岩层所能承受的限度时，岩层突然发生断裂，使岩层中巨大的能量急剧地释放出来而发生的。在南北两极，地面上覆盖着很厚的冰层，比如南极冰层的厚度可达 2350 米。厚厚的冰层沉沉地压在地面上，使地层不易发生倾斜或弯曲变形，岩层自然不会发生断裂，地震也就不会发生了。有些科学家预言，如果南北两极地区的冰层融化，南北两极地区均有可能发生大的地震。

两极的海拔也不同。南极的平均海拔高度为 2350 米，是世界上平均海拔最高的大洲。而北极近 2/3 的面积都是海洋，平均海拔仅与海平面相当。南极的地势高，空气稀薄不保暖，自然就比北极更冷。

而同样是因为位于地球极地，南北两极一年中有半年是白天，另外半年是黑夜，也就是极昼和极夜现象。极昼与极夜的形成，是由于地球在沿椭圆形轨道绕太阳公转时，还绕着自身的倾斜地轴旋转而造成的。地球在自转时，地轴与其垂线形成一个约 23.5 度的倾斜角，因而地球在公转时便出现有 6 个月时间两极之中总有一极朝着太阳，全是白天，另一个极背向太阳，全是黑夜。南、北极这种神奇的自然现象是其他大洲所没有的。

更让人惊奇的现象是，两极地区没有地震。地震是一种常见的自然现象，根据测试，全球每年约有 1500 万次地震，其中能让人感觉到的地震平均每天有 100 次以上。

伤心的北极熊

延伸阅读

虽然大多数北极熊出生于陆地，但是它们大部分时间都是在海上度过的。它们的首选栖息地为浮在大陆架和北极群岛之间水面上的海冰，有时也会前往海冰与海水相接区域捕食海豹，海豹是它们的主要食物来源。

说到北极，人们最先想到的可能就是北极熊了。浑身雪白、憨态可掬的北极熊其外表成为动画片和卡通玩具中的常客。它主要生活于北极圈区域，包括北冰洋、周围海洋以及陆地。北极熊是世界上最大的陆生食肉动物，也是最大型的熊类，与杂食性的阿拉斯加棕熊体形相当。

北极熊赖以生存的环境就是北极冰盖，但是现在北极冰盖的状况如何呢？

全球变暖已经让北极地区的冰雪加快融化，根据联合国与加拿大政府专家的说法，目前北极附近气温上升的速度，比地球其他地区快 2 倍。北极海冰的逐渐消退对北极熊构成致

北极熊的嗅觉非常敏锐,能够在近 1.6 千米内嗅到深埋于雪下 10 米的海豹;它们的听力和人类的听力一样灵敏;视力能够保证看清很远地方的事物。此外,北极熊还是出色的游泳健将,在远离陆地 322 千米的北极开放水域中都有可能发现北极熊。它们身体中的脂肪可以提供浮力,利用巨大的前掌以狗刨式游泳。

命的威胁。近年来,北极熊数量正呈下滑趋势。2008 年,全球北极熊数量仅为不到 2.5 万只。气候变化对北极熊造成的最主要威胁就是栖息地的消失直接导致食物短缺,北极熊会因此被饿死。北极熊是以海冰作为平台来捕猎海豹的,温度升高导致海冰每年都更早地融化,将北极熊都赶到了岸上,海冰覆盖面的不断减小迫使北极熊不得不更长距离地游泳,有的北极熊可能会在长途游泳过程中被淹死。

北极熊的处境引起了人们的关注,每年的夏季,都会有世界各地的游客去北极圈看北极熊,因此当地的北极熊旅游业非常火爆。而一家旅游公司打出的"在北极熊灭绝前,飞到北极圈看野生北极熊"这样的广告词,就从另一方面反映了人们对北极熊生存现状的焦虑。

绝望的企鹅

阿德利企鹅通常高50～70厘米,体重5～6千克,眼圈为白色,头部呈蓝绿色,嘴为黑色,嘴角有细长羽毛,腿短,爪黑。阿德利企鹅羽毛由黑、白两色组成,它们的头部、背部、尾部、翼背面、下颌为黑色,其余部分均为白色。阿德利企鹅的名称来源于南极大陆的阿德利地,此地是1840年法国探险家迪尔维尔以其妻子的名字命名的。在过去25年间,由于海冰消融,以及同其他企鹅物种对食物的竞争加剧,阿德利企鹅数量减少了65%。

企鹅是人类最感兴趣的动物之一。从美国动画片《马达加斯加的企鹅》在全球热播就可以看出人们对这些小家伙们的喜爱。当全球变暖日益成为影响地球未来命运的灾难时,不仅人类感受到其所带来的危害,许多物种的生存也因全球变暖受到威胁。而憨态可掬的企鹅也难逃全球变暖之害,其生存日益受到威胁。

2008年7月,南极地区连续暴发反常暴风雨,导致成千上万只新生小企鹅活活被冻死。据估计,仅此一难,南极企鹅数目就锐减两成。如果天气短期内不能转好,情况可能更严重,不到10年,这一物种或将从地球上消失。南极专家认为,这是气候变化给南极地区带来的又一灾难性影响。在哥本哈根联合国气候变化大会召开期间,南极科学家团体发表报告指出,全球变暖加剧,导致南极冰川加速消融。此前科学界所预测的2100年全球海平面上升30～40厘米的结果将提前50年到来。报告还指出,南极生态正遭遇严峻考验,企鹅数量大量减少。如果全球气温升高2℃,企鹅主要栖息地面积将减少一半甚至2/3。

帝企鹅是所有企鹅物种中体形最大、最易辨认的,不过,帝企鹅也是南极大陆上最脆弱

阿德利企鹅是南极分布最广、数量最多的企鹅,分布于南极大陆、南极半岛以及南设得兰群岛、南乔治亚岛等若干座岛屿。不能飞,善游泳和潜水,走路摇摆,能将腹部贴在冰面上滑行,以各种鱼类、软体动物和甲壳动物等为食。由于觅食本领比其他企鹅差,因此阿德利企鹅的数量比其他种类企鹅下降得快。

的物种。当暴风雪来袭,气温降至 −49℃时,雄性企鹅会将企鹅蛋踩在脚下,牢牢保护着自己的后代,直到孵化出小企鹅。据 2009 年刊载于《国家科学院期刊》的一份研究报告称,由于冬季海冰的提早消融,而海冰是支持企鹅生活、繁衍后代的领地,因此小企鹅的孵化成功率不断下降。世界野生动物联盟称,全球变暖带来的气温上升致使海冰融化,这种状况大幅度减少了帝企鹅的生存空间。根据 IUCN 2009 年 12 月公布的一份报告称,由于全球变暖导致的南极冰架崩裂已经对帝企鹅的繁殖地带来不利影响。在温暖的年份,冰架提前破裂导致企鹅幼仔掉入海中溺水身亡。

同帝企鹅一样,王企鹅以磷虾和小型甲壳纲动物为食。但是海水温度升高,导致冬季王企鹅食物缺乏。气候变化也正严重威胁着这一物种的生存。

此外受到威胁的还有帽带企鹅和巴布亚企鹅等。随着食物来源受到威胁、栖息地日益萎缩,这些企鹅都面临着不确定的未来。

流泪的冰川

英国媒体在2009年曾公布过一张北极地区冰川融化的照片,照片中的图像酷似一张流着眼泪的痛苦的人脸。这似乎是在告诉人类,北极的冰川在"伤心地流泪"!

而这张实景拍摄,完全没有人工合成痕迹的照片,在入选当年"令世界难以理解的怪异现象"的同时,也让人们开始关注全球变暖、两极冰川正在加快融化的现实。

据权威机构调查,南极和格陵兰岛上的冰川正在加速融化,就连号称"世界屋脊"的喜马拉雅山山脉的冰川,也在不断地融化。

青藏高原是世界上除了南极以外,地球上最大的冰川聚集区,号称亚洲"水塔"。它是恒河、印度河、澜沧江、长江和黄河的源头,为印度及周边地区以及中国合计全球40%的人口提供水源。

科学家们预计,到 2050 年,全球的冰川大约 1/4 都将会消失,到 2100 年可能会消失一半。到那个时候,可能只有在阿拉斯加、巴塔哥尼亚高原、喜马拉雅山和中亚山地还有一些较大的冰川存在。

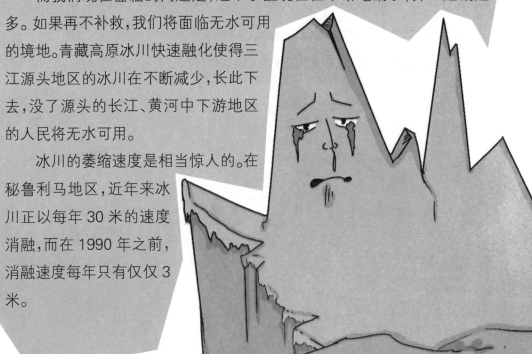

长江总水量的 25%、黄河总水量的 49%、澜沧江总水量的 15% 都源于青藏高原。三江源头地区的冰川储水量相当于 3 个三峡水库的总容量,是名副其实的中国"大水缸"。

而我们现在面临的问题是,这个水缸现在在不断地漏水,并且越漏越多。如果再不补救,我们将面临无水可用的境地。青藏高原冰川快速融化使得三江源头地区的冰川在不断减少,长此下去,没了源头的长江、黄河中下游地区的人民将无水可用。

冰川的萎缩速度是相当惊人的。在秘鲁利马地区,近年来冰川正以每年 30 米的速度消融,而在 1990 年之前,消融速度每年只有仅仅 3 米。

夏天在屋子里装空调的爱斯基摩人

"爱斯基摩"一词是由印第安人首先叫起来的,即"吃生肉的人"。因历史上印第安人与爱斯基摩人有矛盾,所以这一词显然含有贬意。爱斯基摩人并不喜欢这个名字,他们称自己为"因纽特"或"因纽皮特"人,在爱斯基摩语中即"真正的人"的意思。

在人们的普遍印象中,爱斯基摩人一直是居住在冰屋中,常年裹着皮棉袄的形象。而随着全球气候的变暖,爱斯基摩人也开始怕热了。

居住在北极圈内班克岛上的爱斯基摩人发现,春天比以前提前了一个月到来,而秋天却推迟了一个月过去。这样,夏天显然就变长了。气温的升高导致那里终年结冰的冰面减少,冰层变薄。这样一来,以捕捉海狗为生的当地居民必须要走比以往更远的路到达冰面才能捕捉到海狗。而更大的危机是,海狗和北极熊的数量也开始减少了,以往难以看到的蚊子、

太热了,我要装空调!

52

居住在加拿大魁北克省库朱阿克市的爱斯基摩人，更是在近些年的夏天用上了空调来防暑降温。气候的变暖正在逐步改变着北冰洋地区居民的生活习惯，生存环境的改变正不断地考验着当地的居民和动植物。

苍蝇却开始在这片地区繁衍，这无疑都是气候变暖导致的。

在加拿大的伊卡卢伊特地区，居住着大量的爱斯基摩人。他们在这片土地上生活了几千年。以往，每月的1月份，这里的弗罗比舍湾早已是千里冰封，爱斯基摩人的冬季狩猎活动也已经开始，但如今的1月，弗罗比舍湾依然是海水清澈。气候变暖使得海水温度上升，造成冰冻期的推迟和解冻期的提前。即使结了冰，冰层也很薄，有时捕猎海豹的爱斯基摩猎人甚至会因踩破冰层而掉进海里。

知识的复习与总结

本章介绍温室效应对于极地动物的危害，我们能从书中了解到温室效应的危害！虽然目前的危害还没有达到最大的程度，但若任由其蔓延，长此以往终有一天北极只能成为人类教科书上的遥远记忆！下面请根据本章知识回答所提出的问题。

1.爱斯基摩人为什么要装空调呢？

2.哪里的冰川储水量相当于 3 个三峡水库的总容量，被称为中国的"大水缸"？

3.北极熊数量减少的原因？

好客的北极熊

北极斯瓦尔巴德群岛上最近出现了一只超级好客的北极熊，当载满游客的船只经过它家附近时，它都会从雪地上站起来，并向船上过往的人们挥手打招呼，每当看到它挥手向游客致意，游客们都会兴奋地欢呼大叫。

当时，这只北极熊似乎才刚刚睡醒，睡意朦胧，样貌相当慵懒并狂打哈欠，不过，当它看见船只经过时就马上站起来并慢慢走往船的方向，并且还会抬起熊掌挥舞向游客致意，让船上游客看了都兴奋的欢呼大叫，即使船已渐渐开走，它还会一直站在那里目送轮船的离去。

哇，它们生活在北极！

在北极生活着各种各样的动物，这里的每一种动物都有自己鲜明的特色。看看下面的图，你认识几种动物？上网查查资料，对它们做个了解吧！

北极熊

北极驯鹿

北极狐

爱斯基摩犬

●圣诞老人

●笨

● 北极的生活

● 睡觉

第4章
我们的城市要变成"海底捞"了吗?

大家都知道"海底捞"火锅特别好吃,如果有机会把我们的城市也变成"海底捞",你愿意吗? 不管你流着口水怎么点头说"愿意",我都不会愿意,因为如果"海底捞"那一天真的到来的话,人类就真"吃不了兜着走了"!

寻找被水"危害"的城市

课题目标

发挥你的调查天赋,找到那些有可能变成"海底捞"的城市,并身体力行实施你的环保小建议。

要完成这个课题,你必须:

1.和家长、老师或者好朋友一起合作。

2.需要了解海平面上升的原因。

3.明白海平面上升对人类造成的危害。

4.身体力行,和朋友们一起做环保小卫士。

课题准备

可以与你的好朋友一起上网了解冰川融化的相关知识,了解海平面上升的相关环保数据。

检查进度

在学习本章内容的同时完成这个课题。为了按时完成课题,你可以参考以下步骤来实施你的调查计划。

1.复习温室效应的产生条件。

2.了解温室效应与海平面上升的关系。

3.列出保护冰川的环保小计划。

4.实施行动,做一个环保小卫士。

总结

本章结束时,可以和你的小伙伴一起向父母、老师展示你的环保成果。

全球变暖发出的警告

也许有的人并不觉得全球变暖有多么可怕，有人甚至会说："夏天温度那么高，我们不还是一样过吗？冬天不那么冷了，不也一样很好吗？气温升高有什么可怕的，反正有空调呢！"可是他们没有想到的是，我们有空调，可动物、植物、冰川、河流有空调吗？当它们热得受不了的时候会怎么办呢？而且，我们要永远生活在空调屋里面吗？

全球变暖已经向我们发出了警告，首先我们最直接的感受就是气候变化。

气温升高，地球上多数地方将会变暖。当然，也有少数地方将会变得更冷，比如西欧的国家，最高温度和最低温度的差距会进一步拉大。气候的剧变反应最清晰的地方当然就是南北极附近，比如加拿大、俄罗斯等，这些地区会比地球其他地方变暖更快，反应也更强烈。气候变暖，南北两极肯定会冰雪消融。冰雪少了，反射太阳的能量自然也少了，太阳的能量就会更多地被融化的海水吸收，从而提高海水的温度。海水温度的提高反过来又促进冰雪的消融。这种相互作用相互促进，形成了恶性循环。两极地区的温度变化继而

又会影响全球气温的变化。绝大多数地区的夏季温度会明显提高，这并不是好现象，温度的异常升高不仅会使当地的农作物减产，整个生态系统也会遭到严重的破坏。

全球变暖的第二个警告是极端天气频繁出现。极端天气气候事件是指在一定时期内，某一区域或地点发生的出现频率较低的或有相当强度的对人类社会有重要影响的天气气候事件。

全球变暖过程中，季节性波动减弱，中高纬区域天气波动(尤其是在冷季)也普遍减弱，对应冬季寒潮减弱，极端低温事件减少，冬春季大风、沙尘暴也有减少趋势;而中低纬区域夏季天气波动有变短变强的倾向，夏季局部对流性天气增强，强降水、高温等天气增多。气候变暖正在通过影响一些极端天气或气候极值的强度和频率，改变自然灾害发生发展的规律，从而对人类生存环境和社会、经济发展产生重大影响。

全球变暖正日益威胁着全世界，我们赖以生存的地球将会变得越来越不适合居住。越来越多的冰川融化了，海洋里的水越来越多了。随着大气温度的升高，大气中的水蒸气的含量也会越来越高。潮湿地区的气候会愈加潮湿，甚至频繁发生水灾;干燥地区将更加干燥，使局部地区的干旱更加严重。地区生态系统的变迁会导致当地许多物种的大量死亡和灭绝。

而最可怕的当然是海水的不断上升会淹没沿海的许多城市，海洋中的岛国也将逐渐消失。

这是个缓慢而痛苦的过程，给人们造成的损失难以估量。

不断频发的极端天气已经给我们敲响了警钟，如果我们继续一意孤行，地球的现有生态环境就将因气候变暖而毁灭。

海平面的升高

延伸阅读

在过去100年里，全球海平面上升了近0.3米。对未来海平面的高度，各国科学家作了不同的预测。有人给我们描绘了一幅灾难性的可怕图景：温室效应的增温作用将使南极洲西部的冰盖融化，50年或100年内，全球平均海平面将上升5米左右。还有人预测，即使没有南极冰川的崩溃，未来70年海水热膨胀也将使海平面上升20～30厘米。

美国作家欧内斯特·海明威的作品《丧钟为谁而鸣》的扉页上，曾经引用过英国17世纪玄学派诗人约翰·堂恩的诗歌片断："谁都不是一座岛屿，自成一体；每个人都是那广袤大陆的一部分。如果海浪冲刷掉一个土块，欧洲就少了一点；如果一个海角，如果你朋友或你自己的庄园被冲掉，也是如此。任何人的死亡使我受到损失，因为我包孕在人类之中。所以别去打听丧钟为谁而鸣，它为你敲响。"用这首诗作开篇，是想让大家认识到我们每个人都是整体的一部分，个人行为是会影响到整体的，知道温室效应引起的海平面上升的严重性。

海平面是海的平均高度。指在某一时刻假设没有潮汐、波浪、海涌或其他扰动因素引起的海面波动，海洋所能保持的水平面。科学家发现，海平面其实是高低不平的，通过沿海潮汐观测和大地水测量可以证实。而海岸线，则是海水和陆地的交界线。

当海平面上升时，海岸线向大陆推进；当海平面下

降时,海岸线向海洋后退。近 5000 年来,地球的海岸线一直保持着相对稳定的状态。

海平面是一个计算高度的基准点, 例如珠穆朗玛峰海拔 8848 米,意思就是说珠穆朗玛峰高出海平面 8848 米。而海岸线代表着更重大的意义, 那就是人类生存的基准点。因为地球面积的 30% 是陆地,70% 是海洋。而人类,因为只能在陆地上生存,所以海岸线的升高就意味着可供人类居住的陆地相对变少,这对我们来说至关重要。

事实上,当今世界面临的最大问题不是经济衰退,也不是恐怖主义,恰恰是越来越恶劣的环境威胁。美国打伊拉克打了那么多年,也没让这个山地之国消失。但让一个岛国消失却非常容易,只需海平面上升几米就能达到目的。在我们的思想还没有达到可持续发展的高度的时候,大海的海平面已经上升到了人类发展史上从来没有过的高度。

那些即将被海水淹没的国家

第一个将被海水淹没的国家——图瓦卢

你们知道吗？南太平洋最小的岛国叫作图瓦卢，这里的面积只有 26 平方千米，仅次于最小的梵蒂冈；总人口仅有 1 万多人，是世界人口第二少的国家。这个国家的最高处只比海平面高了 5 米，而从 1993 年到现在的 20 年间，图瓦卢的海平面总共上升了 9.12 厘米。按照这个数字推算，50 年之后，海平面将上升 37.6 厘米，这意味着图瓦卢至少将有 60% 的国土彻底沉入海中。这对图瓦卢来说就意味着灭亡，因为涨潮时图瓦卢将不会有任何一块土地能露在海面上，也就意味着它将"消失"。

在"海底"召开会议的马尔代夫

众所周知，马尔代夫是著名的旅游胜地。它位于南亚，是印度洋上的一个岛国，也是亚洲最小的一个国家。从天空俯瞰，共计有 1200 多个大大小小的珊瑚岛散落在印度洋浩瀚的海面上，十分美丽，被游客们誉为"上

　　这样一个旅游胜地、人间天堂,也即将被海水淹没了。研究人员称,1 万多年前,由于北半球冰盖大量融化,马尔代夫群岛的海平面以每千年 15 米的惊人速度急剧上升。而同一时期,马尔代夫地区的珊瑚岛礁快速生长,因而没有被海水淹没。一般情况下,珊瑚礁的生长速度应该赶得上海平面上升的速度,但有两种因素对珊瑚礁的生长有极大的负面影响:一是全球极端高温天气会破坏珊瑚礁;二是大气中二氧化碳浓度的增强会增加海洋的酸性,对珊瑚礁群的架构产生影响。

帝抛向人间的项链"。而这些岛屿中有 202 个岛屿有人居住,其中有许多岛屿被开辟为观光区,吸引了世界各地的游客前往。

　　令人担忧的是,以旅游业闻名的马尔代夫境内大部分的美景全部低于海平面。全国平均高度仅高出海面 1.5 米,八成的国土不高于 1 米。为了呼吁人们重视气候变化问题,马尔代夫总统及内阁成员甚至在海底举行了一次内阁会议,再一次引发了人们对全球变暖的关注。马尔代夫以珊瑚礁和阳光沙滩闻名于世,平均海拔不到海平面以上 1 米。科学家警告称,100 年内,马尔代夫将不再适合人类居住。

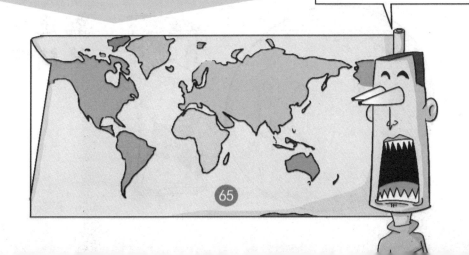

马尔代夫哪儿去了?

消失的美丽海岸线

延伸阅读

气候变化产生的影响多发生在沿海地区。海平面的上升淹没沿海低地、湿地，并加剧对海岸的侵蚀。海水侵入河流、河湾甚至地下水源，若考虑到大风暴潮及上游洪水的作用，世界上3%的陆地都将会被淹没或受到海水的侵袭。而由于三角洲地区的土地肥沃，原本这些地区种植着占世界1/3数量的植物，此时也将遭受威胁。

正常情况下，海岸线一般是美丽景色的象征：海水、沙滩、阳光、椰树林。但近些年来，这些美景正一一向人们告别，因为风景美丽的海岸线将不可挽回地向陆地后移，这是全球气候变暖的直接后果。

海岸线，一般分为大陆海岸线和岛屿海岸线，其实就是陆地和海水的交界线。海岸线的变动首先是受地壳运动的影响，其次是受冰川的影响。

如果你生活在沿海地区，一定对防洪并不陌生。几百年来，工程师们一直努力在用各种方法来保护低洼地势的沿海地带不受海水的侵袭。最直接的办法就是用沙子覆盖海滩、建筑防洪堤、迁移港口等。荷兰的一半土地就是依靠花费巨资建造良好的高级防洪坝而免受北海侵袭的。但是如果地表温度持续升高，防

就这么一块陆地了

止海平面的升高就会成为一项异常艰巨而迫切的任务。

2011 年，分别来自 10 个国家和地区的共 30 多名科学家联合发表报告称，气候变化将对北极沿海地区的生态及社会环境造成致命威胁。随着气温的持续上升，海岸线的保护壳也就是形成千年的北极冰层正在不断消融。研究人员表示，北极的海岸线的 2/3 是由冻土而非岩石组成的，这意味着北极的海岸线将异常敏感且经不起腐蚀。在过去的 10 年中，北冰洋海岸线的平均后退速度为每年 1~2 米，在部分地区甚至达到了 10~30 米。

海岸线一直以来是北极系统的关键组成部分，同时也是人类的重点活动区，人们必须加强关注。2008 年，北极冰架遭遇 3 年来最大规模的断裂，甚至有人预测北极冰冠将在 2020 年彻底消失，从而导致海平面上升加剧，众多岛屿消失。

北冰洋的海岸素有北极社区的"黄金生命线"之称，它为不计其数的鱼类、鸟类及哺乳动物提供了理想的栖息地，这其中包括 5 亿多只的海鸟。科学家在报告中写道："当地传统的民生经济、文化习俗均依赖于这一自然环境，这种前所未有不和谐的变化将使北极沿海社区面临人口膨胀、技术进步、经济转型、社会动荡、卫生安全等重大挑战，大部分地区还将遭遇急剧的政治及体制变革。"

如何应对海平面上升？

　　如何应对海平面上升呢？这在很大程度上取决于经济的实力，只有庞大资金的支持才能建设预防海平面上升的各种工程设施，而各国、各地区的经济能力参差不齐是导致应对海平面无力的原因之一。1987年，研究人员在关于海平面上升的工程措施报告指出："海平面上升时遏制海水几乎总是可行的。"但是要进行防护，从经济或环境角度上将却不可行。

　　应对措施可分为三类：海岸线后移，利用工程设施防洪及防止海岸线前进，升高土地。

　　对于大多数沿海城市来说，在许多情况下，选择的立场很明确：例如美国的曼哈顿就绝不会在海平面上升面前退缩。多数沿海发达国家会做出应对措施，如修筑防护墙、防洪堤、抽水系统等，并承担高昂的运行维护费用。而不发达地区对海岸线的后移只能采取容忍态度。美国环境保护局估计，美国地势低洼的沿海城市可以在海平面上升2米时仍旧安然无恙。代价是保护这些沿海城市的工程设施的建设维护费用将达到300~1000

没有人能预料到气候变暖带来的所有变化。在所有预期会发生的变化中，海平面升高对社会将造成明显的影响，迫使人类遗弃原有的家园，或在城市周围建造一些防护措施。

亿美元。但此项开支与海滨城市的价值相比仍是很小的。预计填高面积达 260~390 平方千米的国家屏蔽岛屿的地面，成本高昂。提高 1 米，费用达 500 亿 ~1000 亿美元；提高两米，费用达 1350 亿 ~2150 亿美元。防止海平面升高与各项保护措施开支之间很难平衡。

正如一位从事海平面上升问题研究的专家所说：加速的海平面上升是一种人为现象，也是另一种不平等现象，这场灾难最大的受害者就是那些经济状况较差的国家。

知识的复习与总结

本章讲解海平面上升的知识到此告一段落，通过阅读你应该能够准确掌握冰川融化对城市的危害性。如果我们平时注意少用一些氟氯碳化物，对环境保护时刻保持热诚，只有大家都有了自觉性，我们才能逐步改善自己的居住空间，还地球一个洁净的自然环境。请依据书中的知识回答下面的问题。

1. 美国应对海平面上升的方法是什么？

2. 哪些国家受到海平面上升的威胁？

3. 哪些国家反而会因为海平面上升而变冷？

两万住户面临被淹没的危险

澳大利亚西澳洲气候委员会新发布的一份报告显示，澳大利亚西部所邻近的海平面上升速度超过了全球平均水平2倍。报告预测，到21世纪末，珀斯和西澳洲西南部地区的2.89万个沿海住户将面临着被淹没的危险。

海水淹没陆地的危机日益严重，意味着采取减少二氧化碳排放量的措施已很急迫。在过去40年里，我们注意到澳州西南部明显变得更加干旱，这对于农业和城市供水会产生重大影响。

据悉，自20世纪70年代中期以来，澳州西南部的降雨量减少了15%，导致了水库供应水减少40%，短期内这一问题还在继续。

报告说，海平面的上升，将增加西澳洲沿海地区发生洪灾的风险，损坏沿海房屋。预计到21世纪末，海平面上升在1米左右，很多地方将被淹没。

我是环保小达人

来测试一下，看你是不是环保小达人！

1.了解海平面上升的原因。

　　□是　　□不是

2.经常开关冰箱门。

　　□是　　□不是

3.能说出受海平面上升威胁的3个国家。

　　□是　　□不是

4.格陵兰岛在南极。

　　□是　　□不是

5.图瓦卢的陆地被水淹了。

　　□是　　□不是

6.极端天气变化是人类破坏环境的恶果。

　　□是　　□不是

7.天气稍微有点热就开空调。

　　□是　　□不是

8.知道氟氯碳化物究竟是什么东西。

　　□是　　□不是

9.企鹅生活在北极。

　　□是　　□不是

10.有向家人或朋友讲解过环保知识。

　　□是　　□不是

题目	是	不是
1	+10分	0分
2	0分	+10分
3	+10分	0分
4	0分	+10分
5	+10分	0分
6	+10分	0分
7	0分	+10分
8	+10分	0分
9	0分	+10分
10	+10分	0分

总分在60分以下的同学：看来你平常对环境的关注和保护程度非常不够哦！需要恶补环保知识。

总分在60~80分的同学：你对环保还是比较在意的，但是，主动性明显不够喔！建议多多主动地了解环保知识，参加环保活动。

总分在90分以上的同学：恭喜你，达到优秀成绩了！你是名副其实的环保小达人。

● 谁的作业本

太可气了！

别生气，怎么了，说来听听。

海平面上升，把我放在石头上的作业本冲走了！

那是我的作业本！

● 优惠券

这是送给你的优惠券。

哇噻，是海底捞的优惠券。

呜哇，吃得好饱啊。

那我的暑假作业就拜托你啦。

●看海

●卖空调

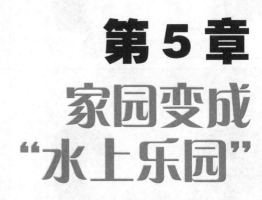

第5章
家园变成
"水上乐园"

炎热的夏天，我们最喜欢的莫过于在水上公园里玩水了。试想一下，如果我们生活的地方全部都变成水上乐园，是不是很好玩呢？其实那种情形并不是什么好玩的事情，当我们的家园被水淹没的时候，情况远比你想的糟糕！

寻找"水上乐园"

课题目标

发挥你的调查才能,找到哪些国家正在被水渐渐"吞噬",并身体力行实施你的环保小建议。

要完成这个课题,你必须:

1. 和家长、老师或者好朋友一起合作。
2. 需要了解导致"水上乐园"的原因。
3. 提出保护臭氧层的合理建议。
4. 身体力行,和朋友们一起做环保小卫士。

课题准备

可以与你的好朋友一起上网了解相关知识,也可以和伙伴们一起观看电视节目,了解关于臭氧层的相关环保数据。

检查进度

在学习本章内容的同时完成这个课题。为了按时完成课题,你可以参考以下步骤来实施你的环保计划。

1. 查出哪些国家正在饱受全球变暖的威胁。
2. 了解海平面上升的原因。
3. 列出保护臭氧层的环保小计划。
4. 实施行动,做一个环保小卫士。

总结

本章结束时,可以和你的调查团成员一起向父母、老师展示你的环保成果。

别让地球成为第二个金星

从地球上看,金星是天空中除了太阳与月亮之外最亮的天体,也是距离地球最近的行星,平均距离为 4150 万千米。金星的大气组成和地球迥然不同:金星上的二氧化碳是地球的 1 万倍,其大气中 95% 为二氧化碳,氧气的含量不到 0.003%。

20 世纪 60 年代以后,苏联、美国先后发射了十多枚金星探测器,人类由此获得了一些金星的资料。当时的科学家们认为,金星上的温室效应是由火山喷发造成的。但到 1994 年,根据"麦哲伦号"的探测,人们对金星上的温室效应有了不同的理解。

据科学家分析,大约在几十亿年前,由于金星比地球更接近太阳,受辐射更广,温度更高,金星上面的海水被蒸发成水蒸气,并在大气层中被太阳加热分解,其中的氢逃到空间,而海洋中的二氧化碳进入大气,使大气层变厚,阻碍了地面向太空散发热量,从而引起地面温度升高,产生温室效应。

5000 年来,人类砍伐了大量森林,造成了地球荒漠化,导致地球气候变热。特别是近 100 年里,随着工业的发展,每年都要烧掉几十亿吨的煤炭和石油,使地球上大气中的二氧化碳含量增加了 25% ~ 30%。长此下去,如果不采取措施,毫无疑问地球也会成为一个"失控的温室",最终成为下一颗金星。

我们之所以会如此关注金星，是因为联想到自己生存的地球上愈演愈烈的温室效应。如今，地球的大气层中，二氧化碳的含量比起远古时期提高了几倍，一氧化碳、水蒸气、甲烷、氟利昂等容易产生温室效应的气体也越来越多，和金星相似的这些微量气体阻止了地球的热量散发。气象数据表明，100年来地球的平均温度上升了0.3~0.6℃。近10年来，地球的温度仍在上升。据联合国气象研究组预测：到2100年，地球温度将上升10.5℃。

因此，清洁空气、保护环境，不让地球变成下一个金星，已经成为了全人类的呼声。

金星

地球

我们把天"捅"破了

延伸阅读

臭氧层耗损对人类健康和生存环境有着巨大的危害，已经成了目前人类面临的严重的环境问题之一，各国对这一问题非常重视。就在南极臭氧层空洞被发现的当年，联合国环境规划署发起并通过了保护臭氧层的《维也纳公约》，首次在全球范围内制定了共同保护臭氧层、控制空洞扩散的方针。各种各样的"补天"行动也逐渐在展开。

"捅破天"一直都被我们用来形容一些影响非常重大、深远的事情。如今，我们人类却真的将天"捅"破了。

1994年，人们在南极首次观察到了迄今为止最大的臭氧层空洞，它的面积相当于一个欧洲大陆。

我们都知道，南极是一个非常寒冷的地区，终年被白雪所覆盖。但在过去的10~15年里，我们却发现，每到春天，南极上空平流层的臭氧都会发生急剧的大规模损耗。极地上空臭氧层的中心地带近95%都会被破坏，从地面向上观测，高空中的臭氧层已经极其稀薄，与周围相比像是形成了一个"洞"，直径上千米，"臭氧洞"因此而得名。

那么到底什么是臭氧，臭氧层又是什么东西呢？

臭氧与我们日常呼吸的氧气很相似，只是臭氧是由三个氧原子构成，而氧气是由两个氧原子构成。高空的臭氧形成是太阳的紫外线辐射的作用，低空的臭氧来自雷电的作用，松林树脂化也可以形成臭氧，不过量很少。由于臭氧和氧气之间的平衡，大气层中形成了一个比较稳定的臭氧层，距离地面15~25千米。生成的臭氧对太阳的紫外线辐射有很强的吸收作用，能够非常有效地阻止紫外线对地表生物的伤害。因此，臭氧层实际上就是地球的保护伞，

臭氧层形成之后地球上才能有生命的存在和延续。

既然臭氧层这么重要，那我们就更加离不开它了。可让我们难过的是，在 20 亿年的漫长岁月中形成的南极上空的臭氧层，仅在 100 年时间里就被破坏了 60%。这一切不得不让人类痛心和反思，到底是什么破坏了地球上所有生命赖以生存的臭氧层呢？

科学家们经过反复研究终于找到了答案，原来破坏臭氧层的元凶之一就是我们所熟知的氟利昂，也就是冰箱冷冻机里的制冷剂。氟利昂是一种化学性质非常稳定且极难被分解、不可燃、无毒的物质。清洁溶剂、制冷剂、保温材料等很多工业制成品中都使用了氟利昂，而在这些物品的使用过程中，氟利昂随之会被排放到大气中。因为它的稳定性，不能在对流层中被自然消除而会滞留空气中长达数百年，而在高空中逐渐被紫外线分解所产生的原子氯就会对臭氧层产生极大的破坏作用。

研究同时表明，臭氧层被破坏后紫外线会不受阻碍的直接到达地表，强烈的紫外线不仅会降低人体的免疫力，还会影响农作物的生长，并对海洋中的藻类植物产生严重的影响进而破坏整个海洋的生态系统。

除了氟利昂，工业废气、汽车尾气、氨化肥分解物等其中都包含有氮氧化物、一氧化碳等破坏臭氧层的元素。

我们期待着原本美好无瑕的天空能够重新回到人们的视野。

城市热岛

所谓城市热岛效应，通俗地讲就是城市化的发展导致城市中的气温高于外围郊区的现象。在气象学近地面大气等温线图上，郊外的广阔地区气温变化很小，如同一个平静的海面，而城区则有一个明显的高温区，如同突出海面的岛屿，由于这种图形代表着高温的城市区域，所以就被形象地称为城市热岛。在夏季，城市局部地区的气温，能比郊区高 6℃ 甚至更高，形成高强度的热岛。

可见，城市热岛反映的是一个温差的概念，只要城市与郊区有明显的温差，就可以说存在了城市热岛效应。城市热岛效应会出现

热死我啦

在一年四季中的任何时候。但是,对居民生活影响最大的,主要是夏季高温天气的热岛效应。此外,高温还加快光化学反应速率,从而使近地面大气中臭氧浓度增加,进一步影响人体健康。

热岛效应是如何形成的？据气象专家长期的观测,柏油路面能够吸收80%以上的热量，尤其是中午，马路表面的温度会比百叶箱温度高出17.4℃。城市中人口、汽车和空调等的急剧增加,导致城市聚热能力也急剧增大。此外,来自于建设工地的钢筋水泥、土木砖瓦以及纵横交织的道路网,由于它们的比热容小,在阳光的照射下升温快,当它们取代了原本能降低城市温度的树木和草地后,也导致了城市聚热能力的大幅度提高。在城市里,雨水大部分从下水道排走,地面水分蒸发的散热作用日益丧失,加之城市通风不良,空气难以形成对流,不利于热量向外扩散,这些原因使城市上空经常维持一个气温高于四周郊区的暖空气团。气温上升,办公室以及家庭的空调制冷设备就加速运转,废热废气排放量增加,这一切更使得气温更加上升,陷入了恶性循环。

格林兰岛的转变

延伸阅读

格林兰岛是在38亿年前因大陆板块碰撞抬升而形成的,是世界上最古老的岛屿,岛上的冰盖厚度曾经足以埋没山峰。这座世界上最大的岛屿,储存着世界上30%的淡水资源,而这些淡水资源在近20年间正在加速融化,几乎每年都会有约15.5千米的冰川从这座岛屿上消失。

"格林兰"在当地的意思是绿色。这块被叫作绿色岛的土地实际上是世界上仅次于南极洲大陆冰川面积最大的地区,在这里很难看到绿色。

格林兰岛全境大部分都在北极圈内,气候非常寒冷。这里最为人熟知的当数当地普遍的交通工具——狗拉雪橇。以前,雪橇狗在这里是财富的象征,也是当地人生存不可缺少的助手,但如今,冬天的海冰正在变得越来越薄,甚至不足以支撑狗拉雪橇的重量。雪橇狗作为当地人助手的作用越来越小,当地人就会觉得养一批雪橇狗没有必要了。格林兰岛上有4500位居民的小镇上如今只生活着4000只雪橇狗,对于当地居民来说,雪橇狗已经越来越没有用处了,因此许多狗都在挨饿,甚至有的会被安乐死。当地的年轻人也不再以驾驶狗拉雪橇为荣,因为那样只会使他们掉进冰窟窿。曾经的狗拉雪橇如今正在逐渐被小船所替代,这在 20 年前是不可想象的事情。

自 1993 年以来,全球海平面每年平均上升 3 毫米,其中格林兰岛的冰盖融化就有 30% 的"功劳"。格林兰岛的冰盖融化已经是不容忽视的问题。

冰盖在保持淡水资源和维持海平面等方面发挥着重要的作用,而冰盖还有一个经常被人们忽视的作用就是反射太阳光,这对地球气候同样有着非同寻常的意义。地球接受热量的主要来源就是太阳辐射,因为冰的表面比较光滑,反射光的概率自然就比较大,但是当冰融化成水之后,除了会减少反射的太阳光,更会吸收太阳辐射带来的热量,从而导致温度的升高。冰川融化的越多,海水也就升温越快,进而全球变暖的脚步也会更快。

世界上有很多高海拔地区的山脉如阿尔卑斯山脉、喜马拉雅山脉等如今都面临着和格林兰岛相似的问题,这些融化的冰川正逐渐地影响着地球的生态平衡。

"水城"威尼斯

位于意大利东北部的城市威尼斯是世界著名的历史文化名城，是世界上唯一没有汽车的城市。这座建在水上的城市"因水而生，因水而美，因水而兴"，享有"水城""水上都市""百岛城"等美称。

乘小船漂流在威尼斯，眼前掠过一座座样式各异的小桥，一道道宽不过两三米的水巷，看到宏伟壮观的圣马可广场，鳞次栉比的古老店铺，你会不由地被这座城市的历史、艺术和文化打动。而就是这样一座充满魅力的城市，现在也面临着被海水淹没的危险。

意大利是非洲板块的一部分，非洲板块一直在向北漂移，似乎要挤入欧洲板块下面，正是这种漂移引起了阿尔卑斯山的上升和威尼斯的下沉。每100年，威尼斯就会下沉1.3厘米。二战后，为满足工农业发展的需求，人们大量开采地下水，这种行为虽然后来被禁止，但恶果已不可挽回：整个城市在20年内下沉了30厘米，威尼斯人生活的中心——圣马可广场只高于警戒水位30厘米。现在，只要洪水发生，圣马可广场就会浸入水面下10厘米，而且情况还在不断恶化。

　　随着海平面的上升，活动水闸似乎也不能给威尼斯市民们带来信心了。威尼斯的人口在不断减少，海平面仍在不断上升，我们似乎也只能为威尼斯祈祷,希望这座充满魅力的水上城市能够存在得更长久一些。

　　　　1966 年以来，威尼斯城市发生水位超过警戒线 1.4 米的严重水灾已经有 9 次；从 1926 至 2005 年间，城市水位超过警戒线 1.1 米的水灾发生次数呈逐年上升趋势，在最近 10 年间更是达到创纪录的 53 次。2009 年 12 月，由于潮汐和一股强烈的热风，海平面再次上升，威尼斯城几乎所有街道都被海水淹没，圣马可广场上的水深达 80 厘米。这座因水而生的城市，正在一点一点地沉入海水中。

知识的复习与总结

臭氧层的破坏、海平面的上升等等都是使地球变成"水上乐园"的罪魁祸首,学习了本章知识,相信你一定对如何珍惜我们的自然环境有了一定的了解。海平面的上升与臭氧层的破坏,归根结底是我们人类肆意破坏环境的结果,只有大家一起增强环保意识才能令环境有所好转!请回答下列三道问题:

1. 格林兰岛雪橇狗面临的困境是什么?

2. 什么是城市热岛效应?

3. 破坏臭氧层的元凶究竟是谁?

2050年海平面上升50厘米

未来20年全球变暖的可能性日益增大,这对东南亚的发展带来了挑战,并有可能颠覆来之不易的发展成果,如果不立即采取一致行动,到21世纪末全球气温就会比工业革命前上升4℃。如果全球变暖2度——在未来20~30年可能达到的变暖程度——就会造成普遍的粮荒、前所未有的热浪和更加猛烈的飓风。

海平面上升会造成更大的破坏,导致田地长时间遭受洪涝,三角洲地带遭水淹,盐水侵入田地和作为饮用水的地下水中。更严重的是,该区域农村和沿海生计将受到威胁。鱼群将会遭受海水温度上升和氧含量下降的影响,到2050年鱼体平均最大尺寸会大幅下降,还有可能导致大米产量损失12%左右。

"水上新世界"

发挥你的想象力，想象一下当海平面上升，城市被水包围之后的样子，把它们用画笔画下来，展示给你的朋友们看。请一边思考下面这些问题，一边把想法画下来。

绘画所需工具：

画纸 1 张、水彩笔 1 套。

1. 水面上升之后，人们用什么交通工具上班、上学呢？
2. 高楼大厦要盖到什么高度才能不被水淹没呢？
3. 那时的海洋生物又会有什么变化呢？
4. 有多少动物会因此灭绝呢？
5. 一年四季的温度又有什么样的改变呢？
6. 人类那时吃什么？住在哪里？
7. 人类建造的房屋又会有何改变呢？

请带着这些问题将你的想法画下来。相信你一定能够画出想象丰富、独具特色的作品来！

● 买雪橇狗

听说格林兰的雪橇狗特别聪明。

是吗?我现在就去养一只呀。

没可能的,雪橇狗只生活在格林兰岛上。

叔叔,给我钱去买飞往格林兰的机票吧。

● 无法呼吸

臭氧层的破坏会使空气越来越稀薄!

到那时,空气就没了,我们都会窒息而死。

每个人脸都会涨得像这苹果一样红。

听你这么一说,我觉得无法呼吸了!

● 水上乐园

● 天热的好处

第6章
温室效应的
其他危害

地球温度的持续升高，将对大自然和人类的生存产生严重危害，温室效应的直接影响与间接影响都将对人类的生产、生活产生极大危害，并对人类的生存产生威胁。

寻找暖冬的证据

课题目标

　　发挥你的调查才能，根据 10 年来冬季的温度情况，以此证明暖冬的事实。

　　要完成这个课题，你必须：

　　1.和家长、老师或者好朋友一起合作。

　　2.在网络上查找每年冬季月份的温度情况。

　　3.根据本章节提供的温度表进行绘制。

　　4.与你的伙伴们讨论一下。

课题准备

　　可以与你的好朋友一起上网了解 10 年来冬季的温度情况，也可以和小伙伴到图书馆查阅相关数据。

检查进度

　　在学习本章内容的同时完成这个课题。为了按时完成课题，你可以参考以下步骤来实施你的调查计划。

　　1.了解每年冬季 11 月、12 月的温度情况。

　　2.了解当月最高温度与最低温度。

　　3.计算当月的平均温度。

　　4.调查过程中可以和伙伴们交换意见。

总结

　　本章结束时，可以和你的调查团成员一起向父母、老师展示你的环保成果。

疾病的传播

我们都知道,气候温暖有利于细菌的繁殖,蚊虫也比较活跃。

以前,在寒冷的冬天,因为气温比较低,蚊虫活动基本绝迹,细菌、病毒的繁衍也受到制约。但现在地球温度持续升高,暖冬的出现让这一切有所改变。

在非洲,每年有上百万人死于疟疾。但是,生活在高地的居民却未遭受到该病的危险,这是因为他们地处高地,气温相对比较低,人们甚至经常会被冻得瑟瑟发抖,较低的温度有效地抵御了疾病的袭击。在低于18℃的环境下,疟疾寄生虫不能发育,因此不会被蚊子传播开来,可是一旦温度上升,在蚊子死去之前,寄生虫就会很快发育成熟。

温度对按蚊的生存和繁殖起重要作用。温带地区夏季按蚊滋生,疟疾盛行;冬季按蚊滞育,传疟中断。热带地区,终年存在疟疾的传播和发病危险。温度对按蚊的影响包括:雌按蚊吸血后,血在其胃内消化的快慢;疟原虫孢子增殖期的长短;按蚊卵巢成熟的早晚等。海拔超过2770米时即为无疟区,因为按蚊不能滋生,例如青藏高原。

从1988年开始的近10年间,非洲的肯尼

亚西部和乌干达东部的广大地区气温升高了
1～2℃。这些高地的居民因为没有接受任何
防疫措施而遭受到疾病的袭击，在所有热带
病中，以受疟疾威胁的人数与发病数字为最
多，居世界卫生组织重点研究的六大热带病
的首位。

　　疟疾对循环系统的改变突出表现为寒战期的血管收
缩与发热期的血管扩张。恶性疟时周围血管扩张常伴有低
血压、中心静脉压降低与醛固酮的排出量增加，这些均提
示血管通透性增加，并可导致血液浓缩、血黏度增加、毛细
血管阻塞和血管内凝血，从而减少了脑、肾、肝、脾的血液
灌注量，造成这些器官组织缺氧和坏死。

虫害的泛滥

延伸阅读

蝗虫，俗称"蚂蚱"，种类很多，全世界有超过1万种。分布于全世界的热带、温带的草地和沙漠地区。口器坚硬，前翅狭窄而坚韧，后翅宽大而柔软，善于飞行，后肢很发达，善于跳跃。主要危害禾本科植物，是农业害虫。

全球气候变暖，尤其是冬季温度的上升，有利于蝗虫越冬卵的增加，这给第二年蝗灾的暴发提供了基础。此外，天气变暖、干旱加剧、草场退化等多种因素的叠加，为蝗虫产卵提供了合适的环境。

蝗虫是一种喜欢温暖干燥环境的昆虫，干旱的环境有利于它们的繁殖、生长发育和存活。因为蝗虫的卵是产在土壤中的，土壤比较坚实，含水量在 10% ~ 20% 时最适合它们产卵。干旱使蝗虫大量繁殖，迅速生长。

酿成灾害的缘由有两方面。一方面，在干旱年份，由于水位下降，土壤变得比较坚实，含水量降低，且地面植被稀疏，蝗虫产卵数大为增加，多的时候每平方米土中可有 4000 ~ 5000 个卵块，每个卵块中有 50 ~ 80 粒卵，即每平方米有 20 万 ~ 40 万粒卵。同时，在干旱年份，河流、湖水面积缩小，低洼地裸露，也为蝗虫提供了更多适合产卵的场所。另一方面，干旱

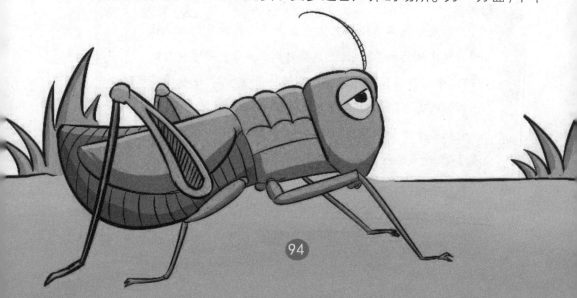

环境生长的植物含水量较低,蝗虫以此为食,生长得较快,而且生殖力较高。相反,多雨和阴湿环境会阻碍蝗虫的繁衍。蝗虫取食的植物含水量高会延迟蝗虫的生长并降低生殖力,多雨阴湿的环境会使蝗虫流行疾病,而且雨雪还能直接杀灭蝗虫卵。

2003年7月,内蒙古呼和浩特市遭遇有史以来罕见的蝗灾,数不清的蝗虫一夜之间布满呼和浩特市的大街小巷,四处飞舞并吞食绿化带上的花草、树木,那种令人惊惧的情形真是太可怕了。

蝗虫必须在植被覆盖率低于50%的土地上产卵,如果一个地方山清水秀,没有裸露的土地,蝗虫就无法繁衍。所以,要从根本上防治蝗灾,必须着眼于生态建设,要实行植物保护、生物保护、资源保护和环境保护四结合。

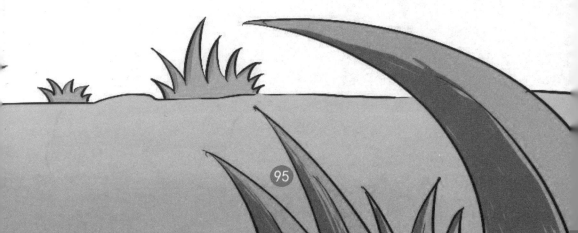

沙尘暴活跃

　　假如有一天，早上起来就看到漫天风沙，在路上，呼吸都会感到困难，满身都是沙尘。人们都躲藏在门窗紧闭的家中，眼巴巴地望着漫天飞舞的黄沙而无可奈何，你一定会感到悲伤。这种场景可能在未来数十年在中国北方会司空见惯的。

　　气候变暖对我国北方的沙尘暴产生重要的影响，温室效应让中国北方的沙尘暴进入新一轮的相对活跃期，

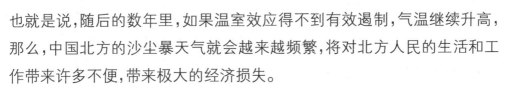

沙尘暴是沙暴和尘暴两者兼有的总称，是指强风把地面大量沙尘物质吹起并卷入空中，使空气特别混浊，水平能见度小于 1000 米的严重风沙天气现象。其中沙暴是指大风把大量沙粒吹入近地层所形成的夹沙风暴，尘暴则是大风把大量尘埃及其他细粒物质卷入高空所形成的风暴。

也就是说，随后的数年里，如果温室效应得不到有效遏制，气温继续升高，那么，中国北方的沙尘暴天气就会越来越频繁，将对北方人民的生活和工作带来许多不便，带来极大的经济损失。

我国北方的沙尘暴是受太阳活动和气候变暖的影响而产生的，沙尘暴的强度呈波动式变化。20 世纪末至 21 世纪初，太阳活动开始进入新一轮的减弱期，引起气候变暖趋势减弱，气温逐渐降低，青藏高原地面加热场减弱，蒙古气旋逐渐加强，这将导致沙尘暴在波动中逐渐增强。

第六次物种大灭绝

第六次物种大灭绝

全球气候变暖将会导致地球生态系统的破坏。生态系统的破坏首当其冲的受害者就是生态系统中的各种生物，无法适应环境变化的物种将会消亡。据统计，自寒武纪以来，明显的生物灭绝事件发生了 15 次。其中重大集群灭绝有 5 次。科学家一直在研究灭绝的起因和规律，并提出了多种解释，比如陨星撞击、宇宙射线变强、火山喷发、气候变化、大气成分变化、海洋盐度变化、地磁变化等。以前的生物大灭绝都属于自然灾害，但即将发生的第六次是人为的。

第六次物种大灭绝是由人类活动引发的，植物生存环境被破坏、气候变化、外来物种入侵、自然资源过度使用和污染等因素，造成许多物种灭绝或濒临灭绝。到 21 世纪末，预计全球变暖会导致 1/2 的植物面临生存威胁，超过 2/3 的维管植物可能完全消失。专家警示，人类应尽快认识到这一现状，面对可能来临的第六次物种大灭绝，采取保护措施保护物种多样性，减少有害物质的排放，避免人类受到自然灾害的侵扰。

殉难物种敲响警钟

　　世界自然保护联盟（IUCN）隔几年就会发布一个全球物种状况红皮书，最近的物种红色名录中警示有 15589 个物种受到灭绝威胁。其中包括 12% 的鸟类、23% 的兽类、32% 的两栖类、25% 的裸子植物、52% 的苏铁类、42% 的龟鳖类、18% 的鲨鱼鳐类、27% 的东非淡水鱼。

　　据估计，在过去的 2 亿年中，大约平均每 100 年有 90 种脊椎动物灭绝，平均每 27 年有一个高等植物灭绝。然而，因受人类的干扰，现在鸟类和哺乳类动物灭绝的速度比过去提高了 100～1000 倍。此外，在过去的 1600 年里，有记录的高等级动物和植物已灭绝 724 种。

　　国际调查小组对 1103 种动植物的栖息环境进行了研究后指出，如果全球气候变暖持续下去，到 2050 年 15%～37% 物种有灭绝的危险，有

26%的物种将因全球气温升高、无法寻找到适宜的栖息地而灭绝。物种灭绝将破坏生物链，因为在一个生态系统里，每一个物种都有它的特殊功能。每灭绝一个物种，就有几个、几十个物种的生存受到影响。譬如：鸟类减少将引起一系列的连锁反应，扰乱自然界的降解机制、种子传播和对昆虫的控制。

　　动物有权自由自在地生活在自己的领地里，人类对自然资源的过度开发及其他经济活动对气候的负面影响其实是对其他生物的侵权行为。2011年3月，美国的一项研究称，如果人类不抓紧保护濒危动物，减少环境污染，地球将在未来数百年面临第六次物种大灭绝，届时地球表面75%的生命都将被摧毁，而再次重建则需要几百万年的时间。

奥陶纪至志留纪之交大灭绝

时间: 4.39 亿年前

原因: 全球气候变化

后果: 约有 100 个科的生物灭绝

1

晚泥盆纪弗拉斯期至法门期之交大灭绝

时间: 3.67 亿年前

原因: 气候变冷, 浅水中含氧量下降

后果: 70%物种消失, 海洋中无脊椎动物损失惨重

2

二叠纪至三叠纪之交大灭绝

时间: 2.5 亿年前

原因: 气候变化或天体撞击

后果: 物种数减少 90%以上

3

三叠纪至侏罗纪之交大灭绝

时间: 2.08 亿年前

原因: 起因不详

后果: 灭绝程度相对较小, 恐龙崛起

4

白垩纪至第三纪之交大灭绝

时间. 6500 万年前

原因: 小行星或彗星坠落地球

后果: 恐龙时代在此终结

5

战争的威胁

　　温室效应所带来的全球气候变暖给人类带来极大的经济损失和战争的威胁。美国五角大楼曾向前总统布什递交了一份报告,报告中警告说:今后20年全球气候变化对人类构成的威胁要胜过恐怖主义。届时,因气候变暖、全球海平面上升,人类赖以生存的土地和资源将锐减,并因此引发大规模的骚乱、冲突甚至核战争,成千上万人将在战争和自然灾害中死亡,地球将陷入无政府状态。

　　报告预测,如果不能有效缓解地球温室效应,20年后,海平面急剧升高,欧洲大陆的主要沿海城市将被淹没,英国将陷入类似西伯利亚的寒冬气候中,全球极端天气将频繁发生,人类为了生存开始争夺各种资源,各国将纷纷发展核武器来捍卫粮食、水源和能源供应,不让赖以生存的物资遭到他人蚕食,分裂、冲突和争夺将成为人类社会的普遍特征,战争将成为人类生活的定义。

　　这并不是危言耸听,也离我们并不遥远。目前中东地区的冲突、战争就是资源的争夺战,争夺石油能源、争夺水资源、争夺土地资源等。

如果环境得不到人类的保护,将继续恶化下去。那么,人类就要面临缺水、缺粮的生存危机,想要活命的人们就要争夺为数不多的水资源、粮食资源,当大规模武装争斗爆发时,战争也就开始了。

战争是残酷的,具有毁灭性,损失财产,破坏家园,恶化环境,更威胁着人类的生命,会有成千上万的人在战争中死去。所以,我们要和平,不要战争。大家齐心协力,一起努力,避免战争的发生,使人类得到长久的和平,努力建设一个美好的地球家园。

延伸阅读

战争是一种集体和有组织地互相使用暴力的行为,是敌对双方为了达到一定的政治、经济、领土的完整性等目的而进行的武装战斗。战争并不是只有人类才有,蚂蚁和黑猩猩等生物都有战争行为。

从根本上来说,战争的最终目的就是争夺资源并维护自身的利益。

知识的复习与总结

如果温室效应不能得到有效遏制,这将是地球的一个劫难,影响地球上所有生命的生存。学习了本章的知识,你是否与我有同样的感受呢?保护地球,保护动植物是我们的责任和义务!不分年龄,不分种族,是我们每个人都应该做的事情。那么,作为正努力成为环保达人的你,能回答出下面的问题吗?

1. 暖冬会带来什么样的后果?

2. 战争的危害有哪些?

3. 如果蝗虫灭绝会怎样?

如果你熟读了本章知识,一定能回答出来的!

温度统计图

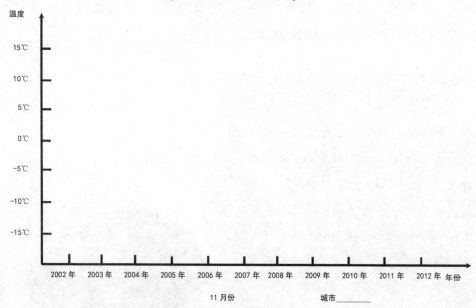

伤害植被的蝗灾

在中国古代，一直就有"旱极而蝗"的说法，蝗灾往往和旱灾相伴相生。

其实单个的蝗虫危害性并不大，平常见到人就会逃掉。那么是什么原因让这种"害羞"的小昆虫变得如此具有攻击性呢？

蝗虫在其生活史早期是孤立的、没有翅的"若虫"，它们倾向于相互避开。但是如果资源变得缺乏，它们就被迫相互影响，组成有秩序的本地蝗群。这种蝗群有能力统一行动，进入近邻的栖息地，并让越来越多的蝗虫加入进来，最终成为了巨大的蝗群。

黄河三角洲特殊的地理条件决定了它在历史上就是蝗灾的重灾区，特别是发生旱灾的年份，往往就会有蝗灾。近年来，因为全球气候变暖等因素，这里干旱年份越来越多，黄河水量不断缩减，暴露的滩涂荒地越来越多，干旱造成这一地区的湖泊、水库水量锐减，有的甚至基本干涸，再加上沿海一带面积很大的盐碱地，为蝗虫的产卵繁殖创造了很好的自然条件。现在，每到一年的五六月份，当地的植物保护部门都要为防治夏季蝗灾而伤脑筋，过几个月还得为防治秋季蝗灾费心思。

在天津，曾经发生过这样一件事：某地一座水库干涸后，由于绿化和防治措施没有跟上，居然成了"蚂蚱窝"，结果每年要施放数十吨农药才能控制蝗情。

● 搬家

你们家的暖气热吗?

别提了,我们家暖气坏了。

这么冷的天,快要被冻死了!

所以我家搬到了火山旁边!

● 燃烧的冰激凌

刚买了个冰激凌。

有一种能燃烧的冰激凌。

名字好像叫"火焰冰激凌"。

不过是用可燃冰做的。

●能源不足

●停电

第7章
给地球降温的新能源

　　地球的能源一方面受到枯竭的困扰，另一方面有些能源也会对地球的环境造成严重的污染，所以人们正在努力寻找可以替代这些传统能源的新能源，有了这些新能源，人类才有可能迎来一个洁净环保的未来！

了解新能源

课题目标

发挥你的探索才能,找到新型的能源,并身体力行实施你的环保小建议。

要完成这个课题,你必须:

1.和家长、老师或者好朋友一起合作。

2.需要了解新能源的名称与特点。

3.知道这些新能源是如何产生的。

4.身体力行,和朋友们一起做环保小卫士。

课题准备

可以与你的好朋友一起上网了解新能源的相关知识,也可以通过观看科普电视节目了解相关环保数据。

检查进度

在学习本章内容的同时完成这个课题。为了按时完成课题,你可以参考以下步骤来实施你的侦探计划。

1.知道目前有多少种新型能源。

2.了解新能源对环境的影响。

3.知道新能源的开发前景是怎样的。

4.实施行动,做一个环保小卫士。

总结

本章结束时,可以和你的小伙伴们一起向父母、老师展示你的环保成果。

新能源有助于给发烧的地球"降温"

我们都知道让地球"发烧"的"元凶"是二氧化碳,而二氧化碳的来源主要就是人类生产生活中对碳基能源的使用。

碳基能源指传统的以煤炭为基础的能源结构,如:石油、煤油、煤炭等都是传统能源。

煤炭是埋在地壳中亿万年以上的树木和植物由于地壳变动的原因,经受一定压力和温度作用而形成的含碳量很高的可燃物质,又称作原煤。煤炭既是重要的燃料,也是珍贵的化工原料。20世纪以来,煤炭主要用于电力生产和在钢铁工业中的炼焦,在某些国家蒸汽机的

我来帮你降温!

风能

氢能

车用煤比例也很大。而煤转化的液体和气体合成燃料,对补充石油和天然气的使用也具有重要的意义。

同煤相比,石油有很多的优点。石油释放的热量比煤大得多,这意味着同样多的石油能释放比煤更多的能量。每千克石油释放的热量是煤的两三倍,而且石油使用方便,又不留灰烬,是理想的燃料。

天然气是地下岩层中以碳氢化合物为主要成分的气体混合物的总称。天然气是一种重要的能源,燃烧时有很高的发热值,对环境的污染相对较小。

毫无疑问,这些化石能源在社会进步、物质财富生产方面已为人类作出了不可磨灭的贡献。然而,这些能源本身存在着难以克服的缺陷,并且日益威胁着人类社会的安全和发展。化石能源特别是煤炭被称为肮脏的能源,从开采、运输到最终的使用都会带来严重的污染。大量的研究证明,80%以上的大气污染和95%的温室气体都是由于燃烧化石燃料引起的,同时还会对水体和土壤带来一系列污染。

新能源与传统的碳基能源相比,有着巨大的优势。新能源不仅不会面临日益枯竭的问题,而且低碳环保,无污染,可以有效减少大气中二氧化碳的排放量,从而达到给地球"降温"的目的。

你所不了解的太阳

　　小时候学画画的时候最先画的都是太阳，一个圆加一圈的光芒，就是我们对太阳最直接的印象。然而太阳本身可不那么简单。

　　太阳的直径约为 139.2 万千米，是地球的 109 倍，如果把太阳比作一个篮球，那么地球就相当于一粒米。太阳的质量约为 3.4×10^{34} 千克，是地球质量的 33 万倍。在无法形成比较直观的印象的情况下，我们只知道它很大很大、很重很重就对了。

　　太阳的能量来源于太阳内部连续不断的核聚变反应，而太阳的这种聚变反应足以持续 100 亿年。也就是说我们不用担心太阳哪天会像电灯一样突然不亮了，因为那种情况离我们太遥远。

　　把地球上的阳光收集起来是最直接的利用太阳能的方式了。太阳光发出的热能可以用于加热，还可以转化为机械能并驱动发电机发电，因为我们知道，电能是方便运输、用途更广的能源。那怎样收集太阳光的热能呢？

　　能够完成收集阳光的装置叫作太阳能集热器。它主要通过吸收热能的材料或物理聚光等原理来收集阳光。

　　太阳光由不同波长的光组成，不同的物质不同的颜色对不同波长的光的吸收和反射能力是不一样的。简单来说就是深颜色吸收太阳光的能力最强，浅色反射阳光的能力最强。夏天里我们穿黑色的衣服会觉得

资料显示，太阳每分钟射向地球的能量相当于人类一年所耗用的能量，相当于 500 万吨煤燃烧时所放出的热量。然而就算是进入大气层的太阳能也不能被我们所捕获，其中只有千分之一二的太阳能被植物吸收，并转化成化学能储存起来，而其余绝大部分都转化成热量，散发到地球或宇宙空间去了。这么多的能量，如果能为我们所用，那该是多大的一笔资源啊！

特别热，而街上卖的衣服都以浅色为主就是这个原因。但是还有一些特殊的材料它们自身的特点就是可以最大限度地吸收太阳辐射，这也是我们需要重点利用的。而另外，把太阳光聚集集中照射在吸热体积较小的面积上，增大单位面积的辐射强度，也可以使集热器获得更高的温度。我们小时候都玩过这样的游戏：拿一个放大镜找个阳光充足的地方调整镜面，可以把纸点燃。聚光太阳能集热器利用的就是这个原理。

太阳能集热器一般分为平板太阳能集热器、聚光太阳能集热器和平面反射镜等几种类型。由于用途不同，太阳能集热器及其匹配的系统类型有很多，比如有些地区用于做饭的太阳灶，已经非常普及的太阳能热水器，用于除湿的太阳能干燥器，甚至用于熔炼金属的太阳能熔炉，以及太阳房、太阳能热电站、太阳能海水淡化器，等等。这些东西无论功能如何，制造时都少不了太阳能集热器这个关键零件。

人们对太阳能利用的技术一直在不断进步，但到目前为止都还不够深入，普及率也不高。未来，随着科技的发展，这种环保高效的新能源一定会更加受到人类的亲睐！

植物也能做能源？

广阔的自然界，有着秀丽的风景，品种繁多的动植物，它们是地球共同的主人，共同创造了丰富多彩的世界。而大家所不知道的是，这些动植物，也可以帮助我们创造新能源。

生物质能，就是太阳能以化学能形式贮存在生物质中的能量形式，即以生物质为载体的能量。

生物质是指利用大气、水、土地等通过光合作用而产生的各种有机体，即一切有生命的可以生长的有机物质通称为生物质，它包括植物、动物和微生物。

生物质能的原始能量来自于太阳，所以生物质能也可以算得上是经过转化之后的太阳能。生物质能蕴藏在植物、动物和微生物等可以生长的有机物中，它是由太阳能转化而来的。有

机物中除矿物燃料以外的所有来源于动植物的能源物质均属于生物质能,通常包括木材及森林废弃物、农业废弃物、水生植物、油料植物、城市和工业有机废弃物、动物粪便等。地球上的生物质能资源非常丰富,而且是一种无害的能源。地球每年经光合作用产生的物质有 1730 亿吨,其中蕴含的能量相当于全世界能源消耗总量的 10～20 倍,但目前的利用率却不到 3%。但专家们估计,生物质能极有可能成为未来可持续能源系统的组成部分,到下世纪,采用新技术生产的各种生物质能替代燃料将占全球总能耗的 40% 以上。

目前人类对生物质能的利用,包括初级的直接用作燃料的农作物的秸秆、薪柴等;间接作为燃料的有农林废弃物、动物粪便、垃圾及藻类等,它们通过微生物作用生成沼气等。

国外的生物质能技术和装置已达到商业化应用程度,实现了规模化产业经营。在美国、瑞典和奥地利等国,生物质转化为高品位能源利用已具有相当可观的规模。在美国,生物质能发电的总装机容量已超过 10000兆瓦,单机容量达 10～25 兆瓦;美国纽约的斯塔藤垃圾处理站投资 2000 万美元,采用湿法处理垃圾,回收沼气,用于发电,同时生产肥料。而巴西是乙醇燃料开发应用最有特色的国家,实施了世界上规模最大的乙醇开发计划,目前乙醇燃料已占该国汽车燃料消费量的 50%以上。

在我国农村地区,好多家庭修建的沼气池就是对生物质能的有效利用。

115

美丽地球
少年环保科普丛书

刮来的不仅仅是风

延伸阅读

就像把一片静止的树叶放到水流中，我们看到树叶会随着水流动起来一样，风也可以把在它流动方向上的物体吹动。我们放风筝利用的就是这个原理。从能量的角度来讲，无论是流动的空气还是流动的水，它们都具有了动能，而这种动能也可以转化成其他的能量，例如风筝的重力势能，风车的动能，水车的动能等，所以风也是一种能量。

你了解风能吗？风是什么，风又是从哪里来呢？

地面各处受到的太阳照射是不同的，所以温度变化不同，空气中水蒸气的含量也不同。这样就引起了各地气压的差异，使得高压空气向低压地区流动，就形成了风。而风，事实上就是流动着的空气。比如我们常常把流动着的水叫"水流"，把流动着的电荷叫"电流"。同样地，我们管流动着的风叫"气流"。只是通常把地球表面这些小规模、小强度的气流叫风而已。

目前，风能的主要利用手段是以风能作为动力和风力发电两种形式，以风力发电为主。利用风来产生电力所需的成本已经降低许多，即使不含其他外在的成本，在许多适当地点使用风力发电的成本低于燃油的内燃机发电了。

目前我国已研制出100多种不同类型、不同容量的风力发电机组，并初步形成了风力机

从风的形成来看，只要有空气的流动，风就可以不断再生，也就是说风能属于可再生资源。与天然气、石油相比，风能不受价格的影响，也不存在枯竭的危险，而且风能没有污染，更能减少二氧化碳等有害物质的排放。风能有它的优势，但是也有不足的地方。风能资源受地形影响较大，风速不稳定，产生的能量大小也不稳定；风能的转换效率比较低，对这种新型能源现有的设备技术也不是很成熟。

产业。尽管如此，与发达国家相比，中国风能的开发利用还相当落后，不但发展速度缓慢，而且技术落后，没有形成大的规模。

　　虽然我们对风能的利用还比较单一，技术也不够成熟，但相比过去已经有了很大的发展。相信在不久之后，风能一定会成为人们生活中不可或缺的重要能源。

有"洁癖"的氢能

延伸阅读

上了化学课我们就会知道，氢有这样的特点：氢是最轻的气体，可以燃烧，与氧气燃烧后的主要生成物是水。实验表明，每千克氢燃烧后产生的热量是同等质量的汽油的 3 倍，酒精的 3.9 倍，可见氢气燃烧后的热量比普通能源高很多。

氢对大多数人来说可能比较陌生，但在我们的生活中却随处可见。在我们生活的自然界里，氢是以气态的形式存在的。我们都有过这种经历：小时候玩气球的时候，一不小心气球就会飞上天。其实会飞上天的气球里面装的就是氢气。气态的氢就是氢气，把气态的氢加压，就会液化，称为液态氢。在一定条件下，氢也可以变作固态的。那么，氢为什么可以作为能源呢？

作为燃料，氢相对其他原料最大的优势是清洁。氢燃烧时除了生成水之外，不会产生诸如二氧化碳、一氧化碳、粉尘等对环境有害的物

燃料电池以体积小、能效高、环保等优点成为了电子产品的新宠。笔记本电脑和手机等产品功能越来越复杂，能耗也越来越高，这使得不少厂商打起了氢燃料电池的主意。日本东芝公司已经制造出专供笔记本电脑使用的小型燃料电池，这种电池可使电脑持续工作 5 个小时。日本和韩国的其他大型电子企业也在加紧开发这类技术。

质。

1928 年，德国齐柏林公司利用氢的巨大浮力，制造了世界上第一艘"LZ-127 齐柏林"号飞艇。20 世纪 50 年代，美国利用液氢作超音速和亚音速飞机的燃料，使 B57 双引擎轰炸机改装了氢发动机，实现了氢能飞机上天。随后液态氢开始作为先进的大型飞机、宇宙飞船的高效燃料被广泛应用。

以氢气代替汽油作汽车发动机的燃料，已经过日本、美国、德国等许多汽车公司的试验，技术是可行的。在不考虑廉价氢的来源问题下，氢能汽车是最清洁的理想交通工具。德国奔驰汽车公司已陆续推出各种燃氢汽车，其中有面包车、公共汽车、邮政车和小轿车。以燃氢面包车为例，使用 200 千克钛铁合金氢化物为燃料箱代替 65 升汽油箱，可连续行车 130 多千米。

随着能源危机的出现、对环保燃料

的需求加大以及技术的发展，制氢、用氢不再是高科技行业的专利，有效地开发利用氢能，建立可持续发展的氢经济已经被各国提上了议事日程。

氢燃料电池技术，一直被认为是利用氢能解决未来人类能源危机的终极方案。

千万不要觉得氢燃料和氢燃料电池是一回事，实际上它们有很大的区别。氢作为燃料直接点燃通过热能转换成其他我们所需的能量，而氢燃料电池从外表看是一个蓄电池，实际上它不能"储电"，而是一个小型"发电厂"。

目前燃料电池在汽车市场已经有了很大的发展，全球有 600~800 辆各式各样的燃料电池车正在试验中，有近百座氢燃料加注站投入运转。

作为新能源，氢的安全性受到人们的普遍关注。从技术方面讲，氢的使用是绝对安全的。氢在空气中的扩散性很强，氢泄漏或燃烧时，可以很快地垂直升到空气中并消失得无影无踪，氢本身没有毒性及放射性，不会

对人体产生伤害,也不会产生温室效应。科学家已经做过大量的氢能安全试验,证明氢是安全的燃料。如在汽车着火试验中,分别将装有氢气和天然气的燃料罐点燃,结果氢气作为燃料的汽车着火后,氢气剧烈燃烧,但火焰总是向上冲,对汽车的损坏比较缓慢,车内人员有较长的逃生时间,而天然气燃料的汽车着火后,由于天然气比空气重,火焰向汽车四周蔓延,很快包围了汽车,危及车内人员的安全。

看来,氢能的研究与开发有非常广阔的前景,随着氢能应用领域的逐步成熟与扩大,必然推动制氢方法的研究与开发,从而使氢能源走进每个家庭。

知识的复习与总结

学习了本章知识,你一定对有关新能源的知识有所了解。新能源是目前世界范围的重大课题,只要致力于环保工作的人坚持对新能源的开发,世界终将会迎来环境恢复的那一天。所以想要更好地开发新型能源,大家必须要好好学习呀!请回答下面提出的三道问题。

1.氢能和风能的区别在哪里?

2.风能的主要利用手段是哪两种发电形式?

3.生物质能为什么是经过转化之后的太阳能?

月光成为新能源?

随着地球能源的逐渐枯竭,人类已开始将探求新能源的目光瞄准离地球最近的星体——月球。月球上蕴藏天然的能源,到21世纪中叶,来自太阳和月亮的能量将可以满足地球上100亿人口的基本生活所需。

在月球可以为人类提供的能源当中,除了矿产资源以及月亮灰尘可以直接被转化成热能、电能以及辐射能之外,月光也将成为一种独特的新型能源而为地球所利用。

为了从月球上获得较为廉价的能源,必须在月球上建立能量转化设施,而这一过程当中所需的各种高科技设备必须由地球运至月球。

我是能源环保小达人

请把下列空格里的知识补充完整：

1.我们常常把流动着的水叫"＿＿＿＿＿＿＿"，把流动着的电荷叫"＿＿＿＿＿＿"。同样的,我们管流动着的风叫"＿＿＿＿＿"。

2.太阳的能量来源于太阳内部连续不断的＿＿＿＿＿反应,而太阳的这种聚变反应足以持续＿＿＿＿＿年。

3.碳基能源指传统的以煤炭为基础的能源结构,如＿＿＿＿＿＿＿＿＿＿＿＿＿＿＿＿＿＿＿＿＿＿等都是传统能源。

4. 如今的新能源不仅不会面临＿＿＿＿＿＿＿的问题，而且＿＿＿＿＿＿＿,可以有效减少大气中二氧化碳的排放量,从而达到给地球"降温"的目的。

5.太阳光由＿＿＿＿＿＿＿组成,不同的物质不同的颜色对不同波长的光的＿＿＿＿＿＿和＿＿＿＿＿＿能力是不一样的。

6.巴西是＿＿＿＿＿＿＿开发应用最有特色的国家。

7.作为燃料,氢相对其他的原料最大的优势是＿＿＿＿＿＿＿。

● 能源论文

● 能源耗尽

● 考试

咱老百姓，今儿个真高兴！

期末考试终于结束了！

能源科目的考试考得怎么样？

你怎么哪壶不开提哪壶！

● 创造生物能

你今晚吃这么多干嘛？

好吃我就多吃点！

你呀，就是造粪机器！

你不懂,我这是充分创造生物能！

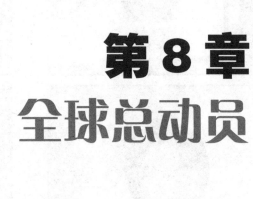

第8章
全球总动员

保护环境需要所有人类的通力合作，单个的人是无法改变环境面貌的，或者说作用只是微乎其微而已。实行全球总动员，进行广泛的环保活动正是未来环保发展的总趋势。加强国家间的交流，互相学习先进经验才有可能还地球一个崭新的明天！

国外的环保经验

课题目标

发挥你的探索才能，学习一下国外应对温室效应的方法，并身体力行实施你的环保小建议。

要完成这个课题，你必须：

1.和家长、老师或者好朋友一起合作。

2.需要了解有哪些先进的环保国家。

3.明白这些国家是如何采取环保措施的。

4.身体力行，和朋友们一起做环保小卫士。

课题准备

可以与你的好朋友一起上网了解相关环保知识，可以和伙伴们通过看书了解治理环境的相关数据。

检查进度

在学习本章内容的同时完成这个课题。为了按时完成课题，你可以参考以下步骤来实施你的探索计划。

1.查出受温室效应影响严重的国家。

2.了解这些国家的先进环保经验。

3.提出你自己的环保措施。

4.实施行动，做一个环保小卫士。

总结

本章结束时，可以和你的伙伴们一起向父母、老师展示你的环保成果。

联合国气候变化大会的历程

全球变暖的危害在逐步显露，灾难的频繁发生让各国认识到人类只有团结在一起才会有改变世界的力量。

1992年，在巴西里约热内卢举行的联合国环境与发展大会上，联合国政府间谈判委员会就气候变化问题达成了《联合国气候变化框架公约》，这是世界上第一个为控制温室气体排放而制定的国际公约。公约要求发达国家采取具体措施，限制温室气体的排放量。同时，建立一个由发达国家向发展中国家提供资金和技术，使发展中国家能够履行公约义务的资金机制。制定这份公约的目标，是将大气中的温室气体浓度稳定在不对气候系统造成危害的水平。此外，它还规定每年举行一次缔约方大会，也就是现在所通称的联合国气候变化大会。

1997年12月，第3次联合国气候变化大会在日本东京召开。149个国家和地区的代表通过了旨在限制发达国家温室气体排放量的《京都议定书》。它规定到2012年，发达国家的温室气体排放量要比1990年减少5.2%。具体地说，要求欧洲减排8%，美国减排7%，日本、加拿大减排6%。建立了旨在共同减排温室气体的3个合作机构，即国际排放贸易机制、联合国履行机制和清洁发展机制。世界上大多数国家都批准了《京都议定书》。美国曾于1998年署名同意，但前总统小布什上台后拒绝批准《京都议定书》，理由是减少温室气体排放会影响美国经济发展，且认为发展中国家也应该承担减排和限排温室气体的义务。

2007年12月，第13次联合国气候变化大会在印度尼西亚的巴厘岛举行，由于旨在限制全球温室气体排放的《京都议定书》到2012年将失效，会议着重讨论了"后京都议定书"的议题。会议正式通过了一项决议，通称巴厘岛路线图。

巴厘岛路线图建议2020年前将温室气体排放量减少到1990的25%~40%，但文件本身并没有量化减排指标。

巴厘岛路线图是在各国立场有重大差异的现实情况下，美国与欧盟、发展中国家与发达国家之间激烈争锋、争论和妥协的结果。

2009年年底，第15次联合国气候变化大会在哥本哈根召开。让我们看看各国的节能减排成果吧。之前《京都议定书》规定发达国家的温室气体排放量要比1990年减少5.2%，具体地说是欧洲减排8%，美国减排7%，日本、加拿大减排6%。而联合国数据显示，与1990年相比，2004年欧盟的温室气体排放量基本上没有太大变化，美国的温室气体排放量增长了15.8%，日本增长了6.5%，加拿大增长了26.6%，澳大利亚增长了25.1%。这样增长下去，要完成2012年的减排指标显然是天方夜谭，发达国家的节能减排诚意明显不足。

科学家们的奇思妙想

延伸阅读

这些奇思妙想要花时间进一步考证它们的可行性，可是全球气候变暖的脚步却越来越快了。我们能不能先放下那些疯狂的计划，去做一些力所能及的事情来为阻止全球气候变暖做一些微薄贡献呢？一个人的力量虽然是有限的，可是当全球所有人类大家庭的成员都行动起来的时候呢？

在各国都为节能减排犯难时，科学家们提出了很多疯狂的设想来为地球降温，下面我们就来看看这些久负盛名的科学家们有哪些天才构想吧。

美国物理学家爱德华·特勒去世前曾有过设想——向天空抛撒铝和硫的粉末，以使天空变得灰暗。按照他的计算，向空中抛撒100万吨铝硫粉末可以使日照减少1%，从而抵消温室效应。这种建议如果是其他人说说倒不值得深思，可是从这位美国的"氢弹之父"嘴里说出来，似乎很值得各国考虑。

特勒提出的办法的灵感来自于火山爆发。1991年皮纳图拨火山爆发，火山灰波及范围达数百万千米，使地球气温下降了0.4℃，而持续的时间则达好几个星期。但人力是不可能操作

火山的,于是特勒设想,可以用飞行于 13 千米高空的飞机和部署于赤道上的美国海军大炮向空中抛撒火山灰。这样做需要的经费每年不到 10 亿美元。但生物化学家们毫不留情地给这种设想泼下了冷水,他们的理由是散布于空中的铝和硫等微粒很可能会干扰同温层。

更大胆的猜想来自美国物理学家洛厄尔·伍德。伍德建议在地球和太阳之间万有引力互相抵消的地方放上一面直径为 2000 千米的半透明镜子。他认为,这面巨大的镜子不但能减少温室效应,而且能够随意调节地球的温度——改变这面镜子的倾斜度,以增加或减少透过它的太阳辐射量。这个滤光镜就像是给地球撑上了一把"太阳伞"。

伍德的依据是要解决气候变暖问题,只要把太阳光遮挡掉 3% 即可。按此计算,在太空支起一把"太阳伞"的面积需要 2000 平方千米左右,伞面要用薄如蝉翼,厚度只有 0.002 毫米的金属薄膜或塑料薄膜制造。

如此庞大的伞面如何制造、运输和安装呢? 它的总费用超过了 1000 亿美元,这笔巨额费用由谁支付呢?

此外,这面滤光镜不但会破坏同温层,而且还有可能妨碍紫外线的通过(紫外线有清理太空垃圾的功效),所以它的可行性还存在很多问题。

还有许多科学家也提出了五花八门的建议:把地球上所有的房屋屋顶涂成白色以此来反射更多的太阳光;制造宇宙尘埃在地球和太阳之间利用重力加速度,让小行星或彗星适宜地从地球身边通过帮助地球改变轨道,等等。

倡导低碳生活

延伸阅读

正所谓"爱美之心，人皆有之"。但是如果我们对自己的"爱美之心"不加克制，一味地冲动购物，就会导致家里的衣橱"衣满为患"。这样既浪费了能源，也浪费了金钱。频繁地购买新衣服其实就是一种不环保的行为。一件普通的衣服从原料变成面料，从成衣制成到进入商店，从我们使用到最终被废弃，这整个过程都在排放二氧化碳，并对环境造成负面影响。

什么是低碳生活呢？简而言之就是尽可能地减少碳基能源的消耗，以达到降低二氧化碳排放量，遏制气候变暖和环境恶化的目的，从而使我们告别暖冬。

低碳生活代表着更健康、更自然、更安全的消费理念，代表着一种返璞归真的生活，代表着人与自然和睦相处的境界。

具体地说，低碳生活就是在不过分降低生活质量的前提下，利用高科技以及清洁能源，减少能耗，减少污染。这也是低碳生活的特征：低能耗，低污染、低排放。对于我们大多数普通人来说，低碳生活更多地表现为一种生活态度和生活习惯。当然要养成这样的习惯还需要知道一些环保小窍门。下面，就为大家介绍几种日常生活中的低碳生活小窍门吧！

既然是低碳生活，那生活中的衣食住行就都要注意了。先从我们身上的衣服说起。

可能有人觉得，虽然要低碳生活，但我们也要顾及衣服的美观，总不能一直穿旧衣服吧。的确，美观时尚也很重要，低碳生活并不是说就要降低生活品质。我们讲的低碳是一个相对的概念，比如我们在挑选衣服的时候尽量选择一些简单、经典的款式，这样的衣服既不容易过时，还更容易搭配。

挑选衣服的材质也很重要。好多人为了追求潮流彰显财富，会购买一些昂贵的皮革制品，将动物皮毛做成的奢侈品穿在身上。据专家测算，目前地球上的野生动物灭绝得比历史上任何时期都快，而物种的灭绝也会使生态环境失去平衡。造成这一现象的原因除了人类活动带来的自然环境恶化外，就是人类对野生动物皮毛的渴求了。很多人不知道，生产制作皮革制品还会产生大量的废水、废气。有的生产商为了增强皮革的柔软度和耐水性，会把皮革进行鞣质。经过鞣质的皮革是不能被生物降解的，对环境有极大的危害。

说完了衣，再来让我们说说食吧。俗话说民以食为天，那天大的事情怎么才能绿色低碳呢？

吃东西是一门学问，未必人人都"会"吃。真正"会"吃的人，是最懂得节约粮食的人。以前我们提倡节约是一种美德，而现在"节约"的同义词就是"低碳"。清代学者朱柏庐的《治家格言》中说："一粥一饭，当思来之不易；半丝半缕，恒念物力惟艰。"我们小时候会背的第一首唐诗就是："锄禾日当午，汗滴禾下土。谁知盘中餐，粒粒皆辛苦。"古代圣贤早就劝告过我们要珍惜粮食。可随着物质文明的

大发展，谁还会在吃饭的时候想"一粥一饭，当思来之不易"呢？尤其是在公款吃喝的高级饭店，每桌上万元甚至数万元的美味，除了那些"鲍、翅"，大多数菜都剩下了。每天那么多从厨房精心制作端上餐桌的菜肴，一个多小时后又被倒进垃圾袋，这样的浪费随处可见，让人痛心疾首。

我国传统饮食文化中对鱼翅、燕窝的保健功效的推崇，也使得这些野生动物被大量捕杀而面临灭绝。

随着物质生活的丰富，对肉类食品的需求也在日益增加，好像只有顿顿吃肉才是过上好日子的标准。殊不知，肉制品从生产到加工制作都会产生大量的温室气体。据有关资料显示，饲养和运输 1 千克肉所需的能源，可以让一个 100 瓦的白炽灯泡连续亮 3 个星期；每人每年少浪费 0.5 千克猪肉，可节能约 0.28 千克标准煤，相应减排二氧化碳 0.7 千克，如果全国平均每人每年减少猪肉浪费 0.5 千克，每年可节能约 35.3 万吨标准煤，减排二氧化碳 91.1 万吨。

低碳生活，绿色食品肯定是不可或缺的。但是在我们周围，当所有食品商都宣称自己的产品是绿色食品的时候，我们又该如何分辨呢？绿色食品必须满足以下几个条件：一是产品和产品原料产地必须符合绿色食品生态环境质量标准。二是农作物种植、畜禽饲养、水产养殖及食品加工必须符合绿色食品的生产操作规程。三是产品本身必须符合绿色食品的标准。四是产品的包装贮运必须符合绿色食品包装贮运标准。绿色食品的标志图形由三部分构成，即上方的太阳、下方的叶片和蓓蕾，寓意环保、安全。此外，绿色食品还分为 A 级绿色食品和 AA 级绿色

食品。A级标志的图案为绿底白字,AA级则为白底绿字。当然,AA级比A级的认证标准更高,更加绿色。我们在选购食品的时候,一定要认清绿色食品标志,如果不能确认,可以登录中国绿色食品网来查看是否为认证企业来辨别真伪。

说完了吃的,我们再来说说住的吧。现在大家买完房以后,最大的兴趣恐怕就是装修了。看着一个空荡荡的毛坯房按照自己的想法来个大变样,打造出属于自己的独特空间,大概是每个有房一族的梦想。那我们有没有想过让这个过程变得更加环保一点呢?

其实很简单。只需要尽量减少以下材料的使用,你就已经为节能减排贡献力量了。首先是铝,因为它是耗能最大的金属冶炼产品之一,减少1千克装修用铝材,可节能约9.6千克标准煤,相应减排二氧化碳24.7千克。其次是钢材,钢材是住宅装修最常用的材料之一,钢材生产厂也是耗能排碳的大户,减少1千克装修用钢材,可节能约0.74千克标准煤,相应减排二氧化碳1.9千克。还有就是木材了,适当减少装修木材使用量,不但保护森林,增加二氧化碳吸收量,而且减少了木材加工、运输过程中的能源消耗。

那除了装修,家里还有哪些地方是需要我们注意的呢? 被说得最多的当然就是空调了,选择节能空调,设置合适的温度,都是低碳生活的一部分。其实不止是空调,家里的其他电器如电脑、电视、冰箱等都是我们需要注意的,合理使用,不用时关上电源,这些我们力所能及的小事情都是低碳生活的一部分。

在外出购物时养成自带购物袋的好习惯;不践踏草地;把要丢弃的垃圾投入分类回收的垃圾桶;外出的时候,尽量避免使用一次性塑料袋、一次性筷子、一次性拖鞋等。这些东西或不易分解,或浪费资源,会对地球环境造成污染。

不使用这些东西,也是我们支持并坚守低碳生活的一种方式。

各国的低碳经济转型

延伸阅读

欧洲为了减排制定出了碳排放权交易制度。欧盟区域内排放权交易制度是欧洲以排放交易为中心的政策手法。欧盟通过对境内企业的评估给出企业每年的碳排放量限额，超过这个标准就必须购买那些减排企业的排放指标，以此鼓励企业节能减排。

面对日益严重的环境压力和后继乏力的经济增长，各国逐渐意识到发展低碳经济的重要性。低碳已经不再是限制经济发展的绊脚石，而是一个新的机遇，新的经济增长点。

欧盟显然早早地就意识到了这一点。在许多国家把应对气候变化和发展本国经济看作是"二者不可得兼"的时候，工业革命的发源地英国和欧盟已经把气候变化看作是向低碳经济转型的机会。在他们看来，减少温室气体的排放与发展经济显然并不存在巨大的矛盾。

所以在低碳经济的转型之路上，欧盟堪称是各国学习的榜样。欧盟的低碳经济转型理论是 2006 年发表的《气候变化的经济学》学术报告。该报告出人意料地指出，气候变化必定会阻碍经济发展，如果坐视不管的话，21 世纪末 22 世纪初，人类社会的经济与社会必将面临巨大的混乱与危险，这个危险的规模将

你们做得不错！

中国

美国

日本

远远超过两次世界大战和 20 世纪上半叶的大恐慌。同时报告也指出,从长期的发展战略来看,积极应对气候变化问题终将会推动经济发展。

如何发展低碳经济,美国进步中心提出了 10 项政策性措施。这些措施可以把温度控制在比工业革命前高 2℃的水平,也就是科学家们所说的人类能承受的全球变暖的温度。这些措施将会给美国带来新的就业机会并且能够刺激技术创新,从而提高生产率,稳固美国的全球经济地位。

发达国家显然把低碳经济当作是新的机遇,但作为发展中国家的中国却转型困难。因为目前低碳技术的专利大部分被发达国家企业所掌握,低碳技术决定着企业甚至整个国家在低碳时代的核心竞争力。而发达国家担心技术转让会影响其国内产业和产品的国际竞争力,所以对转让先进低碳技术几乎闭口不谈。这就导致了大多数发展中国家在发展低碳经济时不得不走上自主创新的道路。

中国在低碳技术自主创新方面采取了很多行动,在财政支持、法制建设、税收引导等方面做出了很多尝试,也取得了部分成果,目前中国在太阳能利用方面已经取得了部分优势。

全球熄灯1小时,让低碳生活之路更加光明

延伸阅读

据资料介绍,按照全球 2007 年资源消费和排放二氧化碳的平均水平计算,人类需要 1.5 个地球才能满足其需要。如此之大的排量,让仅有的这一个地球难受其重。况且科技再发展,经济再富裕,我们也无法去打造出另一个地球来帮助人类渡过难关。

每年 3 月份最后一个星期六的 20:30 ~ 21:30,地球上亿万人民一起拉闸熄灯 1 小时,以这种方式倡导具有重要意义的低碳生活,用环保、健康的生活方式来让地球更加美丽,人类更加文明。

这种简称为"地球 1 小时"的活动,是世界自然基金会应对全球气候变化所提出的一项倡议,希望个人、社区、企业和政府在每年 3 月最后一个星期六的 20:30 ~ 21:30 熄灯 1 小时,用来表明对应对气候变化行动的支持。

始于 2007 年 3 月 31 日的"地球 1 小时"活动,很受追捧。2007 年的一个晚上,在澳大利亚悉尼,超过 220 万户的家庭和大部分企业关闭灯源和电器 1 小时,以实际行动表达对活动的支持,表达对全球变暖和环境变化的关注。震撼的场景让人们在环保的同时也体验到了另类的美感。

2009 年,"地球 1 小时"开始在我国流行。到 2010 年 3 月 27 日,我国已经有 33 个城市加入这一活动。熄灯 1 小时,虽然光明暂时离我们而去,但在人们的心里却是那般的明亮和灿烂。因为,"地球 1 小时",照亮的是整个人类低碳生活之路。

低碳的生活方式,对地球而言,是一种挽救。每个人的一小步,换来了地球的一大步,可谓是人类的福祉。只要我们养成习惯,节约能源,小事做到顺手完成,其贡献就不可低估。

"地球 1 小时"是一种世界性的文化活动,传递的是一种时尚生活理念,教会人们该如何科学生存和发展,并不使地球流泪。作为拥有 13.41 亿人的中国,我们国家更是负有重大的使命。坚持"地球 1 小时"活动,凝聚起来的低碳生活力量,会让整个人类大为增色。

知识的复习与拓展

阅读了本章内容,了解了各个国家针对环境恶化进行的举措,你应该对人类如何保护环境,如何维护生态平衡有了更深刻的理解吧!让我们一起总动员吧!顺便考你几道小问题,看你是否对本章的内容做到了耳熟能详的程度,是不是个无所不知的环保小达人。

1. 美国是如何发展低碳经济的?

2. 我们怎样才能做到低碳生活?

3. 全球熄灯 1 小时给了我们什么样的警示?

环保趣闻

瑞士这个国家素以清洁干净著称于世,故而有"花园之国"的美称。他们在节约用水上,也有独到之处。在这里,从房顶通下来的落水管不是直通到地面,而是拐进了室内。在楼房的顶层有个水箱,雨水全部进入箱内,由水管引向以下各层,用以擦抹房内各处和冲刷便池,还可以浇灌花木和草坪。

丹麦的国土面积很小,为防止受污染的土壤给人造成危害,政府制定了一项给污染土壤进行消毒的计划:预计用 30 年时间,采用生物分解、水冲洗以及高温处理等方法,对过去和现在的化学、铸钢、采矿企业所在地的土壤,进行消毒清洁,以清除污染。

在加拿大,松鼠很多,有时候它们会跳到人们的脚边索要食物,如果你初来乍到,不懂该国的规矩,随意用脚把松鼠踢开,又恰好被当地的小孩子看见了,这些环保小卫士们会要求你向松鼠道歉的。

节约能源大法

发挥你的想象力,创造节约能源的"魔法"!

活动步骤:

1.从起床开始,记录你一天当中的生活,把它们按照时间的顺序制成表格形式,看看你这一天总共消耗了多少资源,有没有对环境造成影响? 把你认为生活中可以节约的环节标出来,想想有什么具体的节约方法。

2.把你生活中所看到的、所听到的关于保护环境或者破坏环境的事例记下来,认真思考有什么方法可以让保护环境的效果更好,或者让破坏环境的行为得到遏制。

3.总结这些经验,想象出一种新的能源,这种能源要符合以下几种条件:环保、无限、廉价。发挥你的想象力,写一篇新能源的小作文:写出这种能源最有可能从哪里来? 这种新能源如何被利用? 这种能源被用于现实的可行性。能画的最好画出来! 完成后可以和同学们分享你的想法!

4.拜访精通科学方面的前辈,把你的想法说给他们听,让他们指出你想法中的各种不足与应该修改的地方,大家共同为环保出谋划策。请教时需要记住:①礼貌;②虚心接受;③你的新能源的优点在哪里,缺点在哪里。

5.经过这一系列的活动,你应该对新能源与环保有了一个崭新的认识,这对于培养你的科学思维大有好处,希望你能多多努力,长大后成为一个对世界环保有贡献的人!

●乱扔垃圾

每个国家的环保意识都不一样。

但是我们这里还有随地乱扔垃圾的！不可原谅！

给，这是你刚扔的果皮。

●熄灯日

今天是世界熄灯日，一会儿关灯一小时。

为什么？我还要打游戏！

不许阻止我玩游戏！

好呀，我们可以边点蜡烛边下棋。

●装睡

●机会